江苏沿海潮滩和钻孔沉积物磁性矿物特征及其环境意义

JIANGSU YANHAI CHAOTAN HE ZUANKONG CHENJIWU CIXING KUANGWU TEZHENG JIQI HUANJING YIYI

王龙升　著

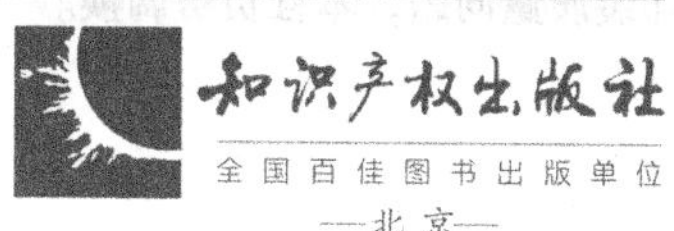

知识产权出版社
全国百佳图书出版单位
—北京—

图书在版编目（CIP）数据

江苏沿海潮滩和钻孔沉积物磁性矿物特征及其环境意义 / 王龙升著. —北京：知识产权出版社，2023.10

ISBN 978-7-5130-8757-5

Ⅰ.①江… Ⅱ.①王… Ⅲ.①沿海–现代沉积物–磁性矿物–研究–江苏②潮滩–现代沉积物–磁性矿物–研究–江苏 Ⅳ.① P578

中国国家版本馆 CIP 数据核字（2023）第 085109 号

内容提要

本书以江苏沿海潮滩和钻孔沉积物为对象，以磁学为主要手段，辅以其他气候和环境指标，结合已建立的可靠年代框架，全方位分析了江苏沿海潮滩和钻孔沉积物磁性矿物特征，多途径查明了沉积物磁性矿物特征的影响因素，揭示了沉积物磁学指标对物源示踪和古环境演变的响应机制，研究结果可为探讨未来季风区气候演化规律提供科学依据。

本书可作为自然地理学及相关专业的高等学校教师、科研院所及工程施工单位技术人员的参考用书。

责任编辑：曹婧文　　**责任印制**：孙婷婷

江苏沿海潮滩和钻孔沉积物磁性矿物特征及其环境意义

王龙升　著

出版发行：	知识产权出版社有限责任公司	**网　址**：	http：//www.ipph.cn
			http：//www.laichushu.com
电　话：	010-82004826		
社　址：	北京市海淀区气象路 50 号院	**邮　编**：	100081
责编电话：	010-82000860 转 8763	**责编邮箱**：	laichushu@cnipr.com
发行电话：	010-82000860 转 8101	**发行传真**：	010-82000893
印　刷：	北京中献拓方科技发展有限公司	**经　销**：	新华书店、各大网上书店及相关专业书店
开　本：	720mm × 1000mm　1/16	**印　张**：	11.25
版　次：	2023 年 10 月第 1 版	**印　次**：	2023 年 10 月第 1 次印刷
字　数：	158 千字	**定　价**：	68.00 元

ISBN 978-7-5130-8757-5

前　言

PREFACE

江苏沿海潮滩及岸外南黄海辐射沙脊群位于我国东部沿海，是连接青藏高原、中亚干旱区和西太平洋边缘海的重要枢纽。第四纪以来，该区接收了巨厚沉积物，其中蕴含着丰富的气候和环境信息，是探讨海陆相互作用、三角洲发育史、海平面变化，以及亚洲宏观环境变迁的重要靶区之一。此外，作为青藏高原侵蚀物质的汇聚地之一，该地区在探索长江迁移、流域化学风化方面的作用也已引起广泛重视。近年来，已有学者对该地区的碎屑矿物分布与组合特征、沉积层结构、形成与演变规律、沉积环境演化进行了研究和分析，然而该地区沉积物的磁性特征研究尚未进行深入探讨。本书选取江苏沿海潮滩沉积物及南黄海辐射沙脊群的Y2孔和YZ07孔沉积物进行研究。通过古地磁、光释光、AMS^{14}C等测年数据，以及粒度、烧失量、有孔虫、硅藻等环境替代指标，分析该地区沉积物中磁性矿物特征，并探讨磁性矿物的古环境意义。

（1）首先进行江苏海岸现代海岸沉积和磁学样品调查和测试，以期获得对现代过程的认识和用来对地质时期进行解释。江苏海岸北段为基岩海岸，云台山深入黄海形成了多个砂质海湾和岛屿。东西连岛中指示磁性矿物含量的磁性参数（χ、ARM和SIRM）最低，表明磁性矿物含量较低。除此之外，χ、ARM和SIRM的值从北到南显示出明显的升高趋势。χ和ARM、SIRM两者相关性较好，表明顺磁性和超顺磁性矿物对样品磁性贡献都不大，亚铁磁性矿物才是数据样品的主要磁贡献者。同时这种线性关系表明磁性矿物的粒径变化不大，因而磁性的变化主要反映了磁性矿物的含量变化。磁性矿物和粒度参数变化的结果表明：东西连岛主要来源于近岸岩石风化。在江苏海岸中部历史时期（南宋—

清朝晚）形成了黄河入海三角洲沉积，1855 年黄河改道后，仍保留了废黄河口。同时，对在现代长江口采集的潮滩沉积物研究表明：大丰以北潮滩沉积物主要来源于黄河沉积物，如东以南潮滩沉积物主要来源于长江，两者之间受两条大河的共同影响。岩石磁学表明，江苏沿海潮滩沉积物的磁性矿物主要以磁铁矿为主导，含有少量的赤铁矿。粒度与磁性参数相关性分析表明：磁铁矿主要富集在细粉砂中，物源及风化作用的差异是造成江苏沿海潮滩沉积物磁性差异的主要因素。

（2）Y2 孔位于南黄海辐射沙脊群北翼东沙滩面，现代沉积动力主要受中低纬度南黄海的不规律半日潮汐作用，然而在全新世该区经历过长江和黄河古三角洲沉积过程。Y2 孔主要包含四个主要的沉积相，自下而上分别是：河床相（51.5~60m）、潮滩相（31.5~51.5m）、古土壤（21.5~31.5m）和潮流沙脊相（0~21.5m）。在潮滩相中包含两个古土壤层。河床相主要发育于 45~25ka B.P.，古土壤层发育于 25~12ka B.P.，潮流沙脊相主要发育于 7ka B.P. 至今。由于海侵作用，Y2 孔并未包含早全新世发育的沉积物。在不同的沉积相中，磁性矿物不同。潮流沙脊相、潮滩相和河床相主要以软磁性矿物（磁铁矿）为主导，含有少量的硬磁性矿物（赤铁矿）。古土壤层和潮滩中包含的薄古土壤层主要以硬磁性矿物（赤铁矿）为主导。粒度指标显示：潮流沙脊相主要以砂为主，古土壤层主要以黏土成分为主，河床相和潮滩相主要以粉砂为主。磁性参数和粒度指标相关性研究显示，磁铁矿主要富集在砂组分中。

（3）YZ07 孔取自南黄海辐射沙脊群南翼，现代长江口北翼的南潮滩区。历史时期海平面升降变化、长江河道变迁对采样点的沉积过程产生重要影响，提供了多次海侵海退的沉积记录。YZ07 孔的地层层序记录了过去 130ka 的古气候、古环境变化的信息。根据生物指标以及沉积相分析，MIS1 时期主要发育潮滩 – 滨海相，MIS3 时期主要发育浅海相，MIS4 时期主要发育河口 – 河漫滩相，MIS5 时期主要发育滨海 – 河口三角洲相，MIS6 时期主要发育河流 –

湖沼相。MIS2时期沉积物较薄，加上海侵作用，故未在YZ07孔中得以保存。岩石磁学研究表明：在不同的沉积相中，磁性矿物不同。海相和河流相主要以软磁性矿物（磁铁矿）为主导，含有少量的硬磁性矿物（赤铁矿）。湖沼相主要以硬磁性矿物（赤铁矿）为主导。

（4）磁学指标是认识海岸沉积过程和特征的一个重要手段。通过对Y2孔和YZ07孔的磁学研究，并结合江苏沿海现代潮滩沉积物的磁学分析，发现几点关联和新认识。

第一，关于沉积物源：黄河和长江是江苏沿岸沉积物的主要来源，结合黄河和长江现在沉积物的磁学分析，黄河和长江现代沉积物均以低矫顽力的软磁性矿物（磁铁矿）为主，因此，笔者认为沉积物来源的改变并不是影响Y2孔和YZ07孔磁性矿物的主要因素。

第二，结合区域以及全球变化曲线，笔者发现沉积物中磁性矿物的含量受控于区域和全球海平面变化。在高海面时期，主要发育海相沉积，磁性矿物含量较高，主要以磁铁矿为主导。在低海面时期，主要发育河流相和湖沼相，其中河流相磁性矿物含量与海相层相当，以磁铁矿为主导；湖沼相磁性矿物含量明显低于海相和河流相，主要以赤铁矿为主导，这与低海面磁性矿物的来源减少有关。

第三，关于还原成岩作用的影响：根据Y2孔和YZ07孔烧失量和磁学参数分析研究，河流相和海相受到的还原成岩过程的影响较弱，而湖沼相和古土壤层中受到的还原成岩作用较强，而且在湖沼相和古土壤层形成时期，沉积物中磁性矿物来源明显减少。

第四，研究区硬黏土层（包括古土壤层和湖沼相）的判定一直是研究的重点和难点，磁学研究为研究区硬黏土层的磁学解释和判别提供了重要的磁学依据。硬黏土层形成时期为低海面时期，此时磁性矿物的供给明显减少；同时，硬黏土层中有机质含量明显高于其他层位，沉积环境为还原环境，还原成岩作用明显高于其他层位，细颗粒的磁铁矿大量溶解，而粗颗粒的赤铁矿得以保存。以上两个原因造成硬黏土层中磁性矿物的含量明显低于其他层位，磁性矿物以赤铁矿为主导，这为以后从磁学角度鉴别硬黏土层提供了理论基础。

目 录

CONTENTS

第1章 绪 论

1986年，汤普森（Thompson）和奥德菲尔德（Oldfield）等学者合作编著出版了*Environmental Magnetism*，标志着环境磁学正式成为一门相对独立的新学科。环境磁学是介于地球科学、环境科学及物理磁学之间的一门交叉型新学科，综合了地理学、磁学、环境学、地质学、考古学、湖泊学及海洋学等一系列相关学科进行研究（Thompson，Oldfield，1986；侯红明，1996）。其基本原理是应用矿物和岩石学技术，通过对土壤、沉积物、植物、颗粒粉尘等所含的磁性矿物进行特征分析，探讨磁学在不同环境中的应用及其所表征的环境意义，再利用所知原理进行全球变化、气候过程、人类活动与环境的相互影响、环境污染等方面的研究（Thompson，Oldfield，1986；Verosub，Roberts，1995）。

环境磁学由于具有简便快捷、对样品无破坏性、安全经济的优点，最初主要应用于土壤及地表坡度的变化，或者土地使用过程的研究中。人们应用湖泊沉积物、土壤、岩石的磁学性质，追踪物源，半定量地研究湖泊流域的生态和地貌变化（Oldfield et al.，1979；Dearing et al.，1981）。后来，环境磁学被成功地应用于古气候演化的研究中（Heller，Liu，1982；Oldfield，Rummery，1985；刘东生，1985；Snowball，1993；Liu et al.，1999；Ao et al.，2010；Su et al.，2013；Zhang et al.，2012；Hu et al.，2015）。同黄土、湖泊沉积物一样，海洋沉积物也是探讨全球变化研究的理想场所之一。磁化率等参数测量已成为研究海洋沉积物的一种基础性数据（Walden，2004），如利用磁化率曲线进行沉积物对比和定年，识别冰期–间冰期旋回等气候周期。20世纪80年代以来，对海洋沉积物的磁学研究也取得了令人满意的成绩（Kent，1982；Robinson，1986；Bloemendal et al.，1988，1989；Karlin，1990；欧阳婷萍 等，2014；Wang et al.，2015；Ge et al.，2015）。

1.1 环境磁学的主要参数及理论意义

环境磁学的理论基础是矿物磁性，即任何物质都具有磁性（Thompson，Oldfield，1986）。环境中的各类物质在外加磁场作用下，由于其内部磁晶排列和电子自旋配对的不同，具有相异的表现，据此可以将这些物质分为顺磁质、抗磁质和铁磁质三大类。铁磁质根据晶粒大小，反映在磁畴上又通常分为多畴颗粒、单畴颗粒和超顺磁颗粒。铁磁质在自然界中含量较小，但由于其分布较广，且往往是主要的磁性贡献者，因此在环境磁学研究中受到关注。

自然界中物质的磁性特征往往与其所经历的环境变化具有一定的联系，通过测量反映物质磁性的磁学参数，可以有效地解释和探讨这些环境变化过程。下面对一些常用的主要磁学参数进行简要介绍。

1.1.1 磁化率

磁化率是衡量物质被磁化难易程度的参数，定义为磁化强度 M 与外加场 H 的比值。它同时受到样品中磁性矿物的浓度、种类及粒度的影响（Thompson，Oldfield，1986）。一般来说，天然样品中的磁性矿物以亚铁磁性矿物或不完全反铁磁性矿物及顺磁性矿物为主，亚铁磁性矿物的磁化率远远高于后两者，因此磁化率经常用来粗略量度样品中磁性矿物的浓度。磁化率分为两种，一种是体积磁化率（κ），一种是质量磁化率（χ），两者之间的关系为：$\kappa = \chi/\rho$，其中 ρ 为样品的密度。磁化率的大小与其测量频率有关，较低频率下的磁化率为低频磁化率（χ_{lf}），较高频率下的磁化率为高频磁化率（χ_{hf}），两者的差值为频率磁化率（χ_{fd}），即 $\chi_{fd}=\chi_{lf}-\chi_{hf}$，进而可以计算频率磁化率百分比（$\chi_{fd}\%$）：$\chi_{fd}\%=[(\chi_{lf}-\chi_{hf})/\chi_{lf}]\times 100\%$。$\chi_{fd}$ 可以用来反映样品中是否存在超顺磁（SP）颗粒，但前提条件是存在处于 SP 和单畴（SD）临界点附近的颗粒（对于磁铁矿为 22~25nm）（Liu et al.，2005）。而且也只有这些 SP/SD 颗粒的粒径分布变化不大时，χ_{fd} 的变化才能代表 SP 颗粒含量的变化。当 χ_{fd} 为零时，则可能对应两种情况：或者不存在 SP 颗粒，或者存在着非常细小的 SP 颗粒（刘青松，2009）。有学者认为 $\chi_{fd}\%$ 可有效地估计天然样品中是否存在 SP 颗粒，并对 SP 颗粒的含量进行半定量的估计，$\chi_{fd}\%<2\%$ 时基本不含 SP 颗粒，$2\%<\chi_{fd}\%<10\%$ 时说明样品中 SP、SD 与多畴（MD）混合，$\chi_{fd}\%>10\%$ 时说明 SP 颗粒占主导（Dearing et al.，1996）。

1.1.2 非磁滞剩余磁化强度（ARM）

非磁滞剩余磁化强度（ARM）是指通过对样品施加一个逐渐衰减的交变场的同时施加一个微弱的直流场所获得的剩磁。本质上讲，ARM 属于剩磁，而非感磁性质的参数。但是为了进行横向对比，可以用非磁滞磁化率（χ_{ARM}）来表示，χ_{ARM} 即为 ARM 与相应直流场的比值（刘青松，2009）。ARM 对磁性颗粒的大小敏感，尤其是 SD 磁颗粒（Maher，1988）。

1.1.3 等温剩余磁化强度（IRM）

等温剩余磁化强度（IRM）是指在一定的温度下（多数情况为室温）给样品施加一定的外加磁场，当外场撤离后，样品仍然能保留的磁化强度。一般将在 1T 的外加场中获得的 IRM 称为饱和等温剩余磁化强度（SIRM）。

以一定的步长增加外加场，则可以得到 IRM 获得曲线。顺磁性矿物对剩磁没有任何贡献，它可以用来指示样品中亚铁磁性矿物与反铁磁性矿物的相对比例，因为亚铁磁性矿物在 300mT 的外加场中的 IRM 接近饱和，而反铁磁性矿物在 1T 的外加场中尚不能达到饱和。同样对 SIRM 以一定的步长施加反向磁场，可以得到 SIRM 的退磁曲线，亚铁磁性矿物的剩磁可以很容易被反向场褪去，而反铁磁性矿物则困难得多。除此之外，还有一些与 IRM 相关的参数，如软磁（SOFT）和硬磁（HIRM）的磁化强度及硬磁性矿物的含量（HARD），计算方法为：SOFT= [（SIRM−IRM_{-20}）/2] /mass，HIRM= [（SIRM+IRM_{-300}）/2] /mass（其中 mass 代表样品质量，IRM_{-20} 及 IRM_{-300} 分别代表 SIRM 在 20mT 及 300mT 的反向场中的剩磁），HARD=HIRM/SIRM × 100%。

等温剩余磁化强度是磁性矿物极其重要的磁学性质，对 IRM 的测定和分析是磁学研究中极其重要的组成部分。以外加场为横坐标，以样品获得的剩磁为纵坐标做图可得到一条 IRM 获得曲线。理论上讲，单一磁性矿物的 IRM 获得曲线服从累积对数高斯模型（CLG）（Robertson，1994）。通常我们测量得到的 IRM 获得曲线，可以认为是由若干组分的获得曲线叠加而成。因此，通过分析 IRM 获得曲线，可以区分样品中所含磁性矿物的种类和相对含量。在实际应用中，CLG 模型主要由以下三种图解表达：线性获得曲线图解（LAP）、梯度获得曲线图解（GAP）和标准化后的概率获得曲线图解（SAP）（Eyre，1996；Stockhausen，1998；Kruiver，2001；Heslop et al.，2002）。通过统计学分析，可以有效地分离出各组分的 SIRM、达到 SIRM 一半时的直流场强度（$B_{1/2}$）和矫顽力的离散程度（DP），进而计算出各组分的相对含量。

1.1.4 矫顽力（Hc）与剩磁矫顽力（Hcr）

矫顽力（Hc）是使样品的饱和磁化强度降低为零时的外加磁场强度，而剩磁矫顽力（Hcr）是使去掉反向磁场后的样品内无剩磁保留所施加的更强的反向磁场强度，因此，相比较来说，Hcr 值要高于 Hc 值。两个参数主要受控于样品中软磁性矿物及硬磁性矿物含量的比例，如果软磁性矿物相对含量高，Hc 值及 Hcr 值低，反之，如果硬磁性矿物相对含量较高，Hc 值及 Hcr 值高。Hcr 排除了顺磁性矿物的影响，因此在实际应用中更受到青睐。获取 Hcr 值主要有以下两个途径：①对施加过 1T 的样品继续施加反向磁场，并不断地测试样品的剩磁，直至剩磁为零，此时的外加反向场的大小即为 Hcr；②达到 1/2 SIRM 时的直流场强度在理论上与 Hcr 相当。

1.1.5 各种磁参数之间的比值

S 比值（*S*–ratio）为 IRM_{-300} 与 SIRM 的比值，即 $S-\text{ratio}=IRM_{-300}/SIRM$（King，Cnannell，1991），其中 IRM_{-300} 为样品在外加场下达到饱和后，在与原外加场方向相反的反向场 300mT 下所获得的 IRM。由于亚铁磁性矿物通常在 300mT 下即能达到饱和，而 SIRM 通常被认为是样品在外加场下所能获得的最大剩磁，因此常常利用 *S*–ratio 指示亚铁磁性物质相对含量的多少，比值越小，则表示样品中高矫顽力的硬磁成分含量越高。

ARM/χ 通常可以用来指示样品中磁性矿物磁晶粒度的相对大小变化，这是由于 ARM 对 SD 颗粒非常敏感，而 χ 对大颗粒［大的假单畴（PSD）或者 MD 颗粒］的存在比较敏感。ARM/χ 与磁晶粒度的大小变化趋势相反，即随着磁性粒度增大，ARM/χ 减小。需要注意的是，少量 SP 颗粒的出现，会使这一参数变得复杂，因为 SP 颗粒对 χ 有贡献，而对 ARM 没有贡献，因此会使两者比值减小。

SIRM/χ 可用来粗略估计粒径大于几十纳米的磁性颗粒的晶粒度（Thompson，Oldfield，1986）。当磁性颗粒粒径大小大于 SP/SD 边界时，该比值随着颗粒的增大而减小。SP 颗粒和 SD 颗粒混合体的比值 SIRM/χ 类似于 MD 颗粒。此外，SIRM/χ 除了对 SD 磁铁矿颗粒非常敏感外，对胶黄铁矿也非常敏感（Roberts et al.，1996），含有胶黄铁矿的样品的 SIRM/χ 值较高。

ARM/SIRM 可判断单畴和准单畴物质的相对含量，比值越大，单畴和准单畴物质含量越高（张春霞，2007）。ARM/SIRM 对亚铁磁性矿物的粒度很敏感（Maher，Taylor，1988；张春霞，2007）。因为 SP 颗粒对 ARM 和 SIRM 都没有贡献，使用 ARM/SIRM 可以避免因 SP 颗粒的出现而产生的不确定性，通常低的比值反映了较粗的 MD 颗粒（杨涛，2008）。常用环境磁学参数及其意义见表 1–1。

表 1–1　常用环境磁学参数及其意义

磁学参数		单位	表征意义
磁化率	体积磁化率（κ）	[SI]	磁化率为外场作用下物质磁化的能力，常作为铁磁性矿物含量的粗略量度，一般用体积磁化率（κ）和质量磁化率（χ）表示。κ 指在弱磁场中样品的感应磁化强度与磁场强度之比，χ 为单位质量样品的体积磁化率
	质量磁化率（χ）	$10^{-8}m^3/kg$	
频率磁化率百分比（χ_{fd}%）		%	指样品在低频（0.47kHz）磁场中和高频（4.7kHz）磁场中的磁化率值的相对差值，即 $\chi_{fd}\% =[(\chi_{lf} - \chi_{hf})/\chi_{lf}] \times 100\%$。一般 SP 及 SD 对外场磁化率较为敏感，因此 χ_{fd}% 指示了处于 SP 和 SD 界限附近的细黏滞性（FV）晶粒的存在及其相对含量
非磁滞剩余磁化强度（ARM）		$10^{-6}Am^2/kg$	指样品在由强度逐渐衰减的交变磁场（通常是 100~0mT）与恒定的直流弱磁场（如 0.05mT）相叠加的磁场中磁化获得的 IRM。单位质量的 ARM 一般提供铁磁晶粒的磁畴信息，与单畴晶粒的含量成正比
饱和等温剩余磁化强度（SIRM）		$10^{-6}Am^2/kg$	指样品能获得的最大剩磁。这里指样品在 1T 磁场中磁化后所保留的剩磁，它既与磁性矿物类型和含量有关，又能指示磁畴状态

续表

<table>
<tr><th>磁学参数</th><th>单位</th><th>表征意义</th></tr>
<tr><td>S 比值（S_ratio）</td><td>/</td><td>指样品在 300 mT 反向磁场中所获得的 IRM 与 SIRM 的比值。指示了铁磁性物质与反铁磁性物质的相对含量的多少</td></tr>
<tr><td>ARM/χ</td><td>10^2A/m</td><td rowspan="3">这些比值参数能有效指示磁性矿物粒度大小和分辨样品中单畴或多畴铁磁晶粒的相对重要性。通常 ARM/χ，SIRM/χ，ARM/ SIRM 的比值越大，磁性矿物的颗粒越细；比值越小，颗粒就越粗。因为颗粒越小的磁性矿物，越容易获得剩磁（尤其是 ARM）。实际上 ARM /χ 只反映了样品中矿物磁性的总体效应，当一个样品所含磁性矿物粒度不同时，它就无法反映颗粒的大小情况。由于超顺磁性颗粒仅仅影响 χ 而不影响 ARM，当有较高超顺磁性颗粒含量时，ARM /χ 的含义也变得复杂化</td></tr>
<tr><td>SIRM/χ</td><td>10^2A/m</td></tr>
<tr><td>ARM/SIRM</td><td>/</td></tr>
<tr><td>饱和磁化强度（Ms）</td><td>10^{-6}Am^2/kg</td><td>指样品在外加磁场中所获得最大磁化强度</td></tr>
<tr><td>饱和剩余磁化强度（Mrs）</td><td>10^{-6}Am^2/kg</td><td>指样品在外加磁场取消后所保留的磁化强度。由于磁矩在外加场取消时有部分损失，所以 Mrs 比 Ms 要小一些</td></tr>
<tr><td>矫顽力（Hc）</td><td>mT</td><td>使样品饱和磁化回到零所施加的外加反向磁场</td></tr>
<tr><td>剩磁矫顽力（Hcr）</td><td>mT</td><td>使样品饱和剩余磁化回到零所施加更大的外加反向磁场</td></tr>
<tr><td>Mrs/Ms，Hcr/Hc</td><td>/</td><td>如果样品中磁铁矿占主导成分，便可用 Mrs/Ms 和 Bcr/Bc 比值来估算颗粒大小。SD 颗粒、稳定单畴（SSD）颗粒的特征为 Mrs/Ms≥0.5 和 Hcr/Hc≤1.5。而 MD 颗粒的特征为 Mr/Ms<0.05 和 Hcr/Hc>4，这两个极端值之间的值常代表 PSD 颗粒</td></tr>
</table>

据（Evans，Heller，2003）

1.1.6 *κ–T* 高低温曲线

κ–T 曲线分为高温曲线和低温曲线两种。高温 *κ–T* 曲线由 Agico MFK1–FA Kappabridge 磁化率仪与 CS–3 加热装置测量，测量过程中，样品处于氩气环境下，加热最高温度为 700℃。高温 *κ–T* 曲线的形态受到样品中磁性矿物颗粒大小的影响。对于一定的颗粒来说，在同样的观测频率下，随着温度升高，颗粒受到热扰动作用加强，当超过临界值时，磁性颗粒的热扰动占主导地位，相当于转变为 SP 颗粒，其磁化率会随之突然升高；当温度继续升

高时，由于磁颗粒的矫顽力和饱和磁化强度的降低，其磁化率值也会随之降低。这两种过程的叠加，会在其解阻温度上形成一个磁化率的峰值，即霍普金森峰（Hopkinson Peak）（刘青松，2009；Hopkinson，1889；Collinson，1983）。低温 κ–T 曲线由卡巴桥 KLY–3 磁化率仪测量，首先利用液氮将样品降温至 –194℃，再升温至室温，在此期间测量样品磁化率值的变化。低温 κ–T 曲线主要用来判别样品中是否含有特定的磁性矿物，如 MD 磁铁矿在 –150℃左右有明显的 Verwey 转变（Verwey，1939），赤铁矿在 –10℃左右有明显的 Morin 转变（Schroeer，Nininger，1967）。此外还可以用来分析磁性矿物的颗粒大小和种类，如果磁化率随温度升高而升高，说明样品中含有较多的 SP 磁颗粒，如果磁化率随温度升高而降低，说明样品中含有较多的顺磁性矿物。

1.1.7 磁滞回线

在交替出现的正反向外加场作用下，磁性颗粒的磁化强度随磁场变化的曲线，即为磁滞回线。利用磁滞回线，可以提取反映磁性矿物磁畴范围的参数（Mrs/Ms 和 Hcr/Hc），此外，根据磁滞回线的形态，可以粗略判别磁性矿物粒径和类别。顺磁质和抗磁质所形成的磁滞回线中，其磁化强度分别与外加场呈线性正相关和线性负相关，磁化曲线均为直线。此外，样品中磁性矿物成分、粒度和含量等因素的不同使磁滞回线复杂多变，按形状可分为单畴磁滞回线、粗腰（potbellied）磁滞回线和细腰（wasp-waisted）磁滞回线。细腰磁滞回线主要由矫顽力差异较大的两种磁成分引起。磁性矿物的颗粒大小及成分差异都可以造成这种矫顽力差异。而对于粗腰磁滞回线，有研究表明 SP 和 SD 颗粒混合可以生成粗腰磁滞回线（图 1–1）。

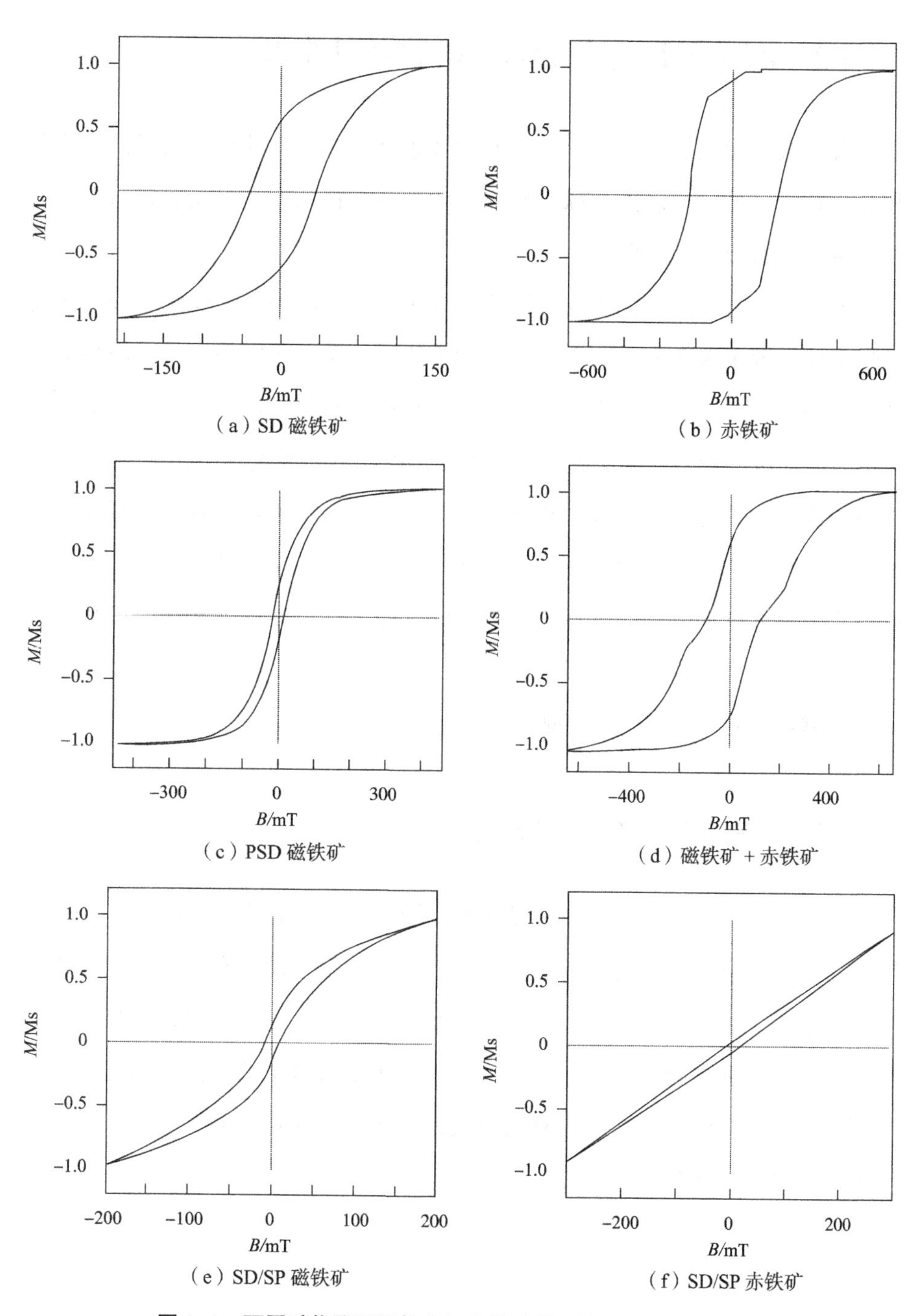

图 1-1 不同矿物及不同粒度组合的磁滞回线（Tauxe，2005）

1.2 海洋沉积物中的磁性矿物及其来源

海洋沉积物是进行环境磁学研究的理想材料之一，其磁学记录的稳定性和高分辨性，可以反映出全球气候变化的周期和特征、陆源物质输入及沉积后发生的生物作用和还原作用等。

海洋沉积物中的磁性矿物可以分为外源和内源两类。海洋沉积物中外源磁性矿物主要来源于陆上岩石风化剥蚀产物、土壤表土颗粒、火山喷发碎屑和火山灰，以及人类工业生产产生的污染物质及来自宇宙空间的陨石和宇宙尘等。海洋沉积物中的内源磁性矿物主要是由以上外源磁性矿物中的“原生”铁进入海洋后，通过化学或生物化学作用形成的次生磁性矿物，包括生物合成的铁氧化物、铁硫化物及还原成岩作用对原生磁性矿物的改造等。在实际研究中，海洋沉积物中的磁性矿物的来源、输入途径及进入海洋后发生的变化多种多样，如图 1–2 所示。

本书主要通过以下四种情况进行研究。

1.2.1 来自宇宙的磁性矿物

前人研究表明，来自宇宙空间的物质在进入大气层的过程中已经形成磁铁矿，所以海洋沉积物中的大多数球状小颗粒组分都具有很强的亚铁磁性（Thompsom，Oldfield，1986）。但这些来自大气层外的磁性颗粒，只能在一些开阔大洋的沉积物中才能有明显的磁性记录；而对于那些离陆源输入较近或沉积速率较低的海区，很难将其与其他来源的磁性颗粒区分开来，因此所产生的影响可以忽略不计。

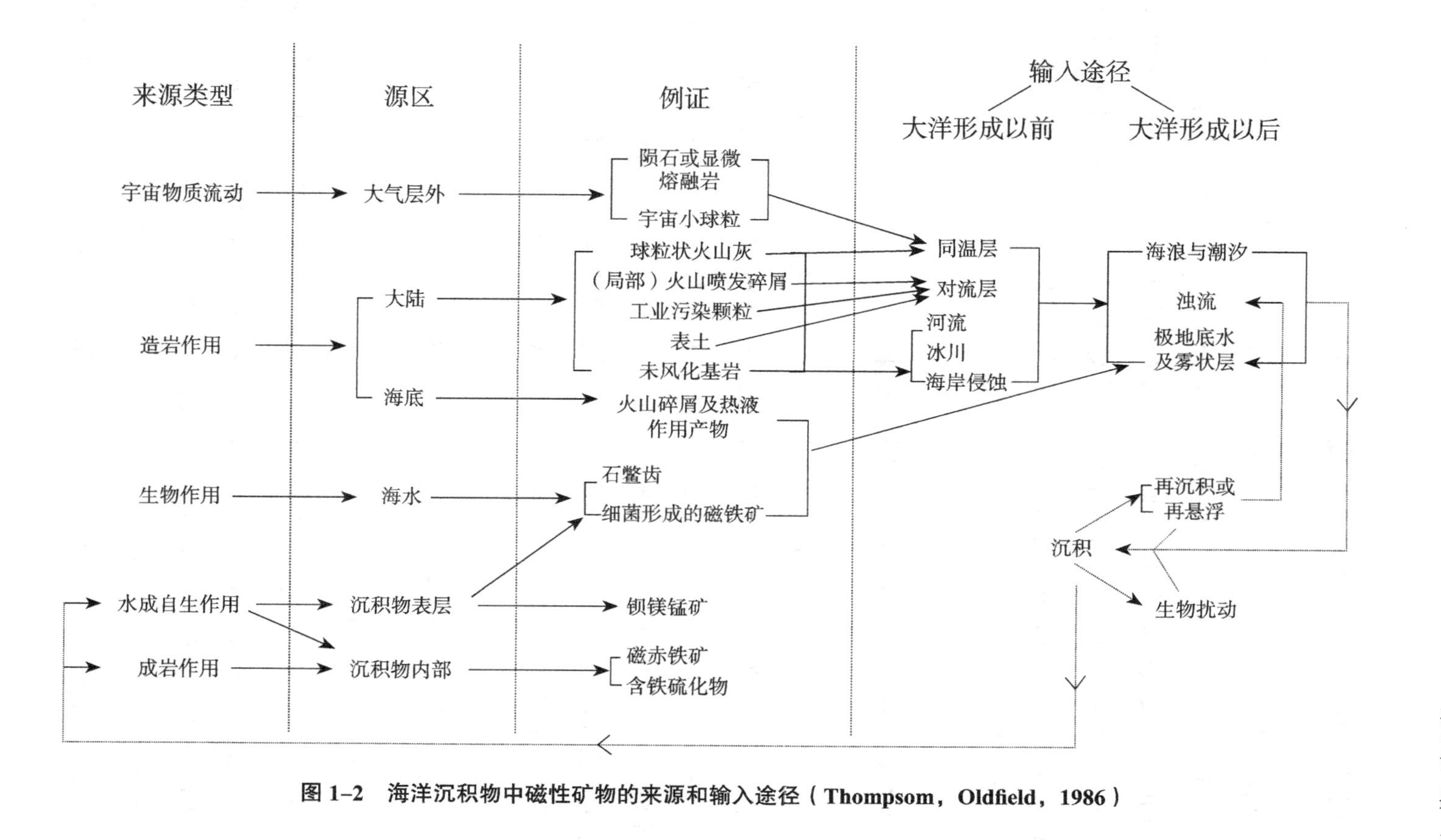

图 1-2 海洋沉积物中磁性矿物的来源和输入途径（Thompsom，Oldfield，1986）

1.2.2 由造岩作用形成的磁性矿物

海洋沉积物中来自原陆地成岩的磁性矿物主要包括火山喷发物、土壤和基岩。海洋沉积物中的火山喷发物形式不止一种，如局部出现的碎块、分布广泛的碎屑层及火山灰微粒进入平流层后形成的球状火山尘云沉降的结果等。相关研究表明：火山灰对气候变化和海洋中磁性矿物的流量有着重要的影响（Lamb，1977）。土壤和基岩对海洋沉积物中磁性矿物的贡献主要是通过风力、河流、冰川以及海岸侵蚀等作用过程实现的。

1.2.3 由生物作用形成的磁性矿物

海洋中的某些生物或有机体积极参与了磁性矿物的生成和转化。生物尤其是磁细菌合成的磁铁矿和磁赤铁矿是海洋沉积物中磁性矿物的重要来源之一（张卫国 等，1995）。这些生物合成的磁性矿物大多呈立方体或者八面体，排列成链，磁学性质上属于超顺磁（Vali et al.，1987；Kirschvink，1982）。研究表明，海洋沉积物中由生物合成的单畴磁铁矿的含量，可能取决于海水中氧的浓度及沉积速率等因素（Hesse，1994；Evans，Heller，2003）。

1.2.4 由成岩作用形成的磁性矿物

海洋沉积物中自生和成岩这两种作用形成的磁性矿物在海洋沉积物中比较常见，一般情况下，海洋沉积物中的磁性矿物都会因受到还原成岩作用而导致其原始的磁学性质发生改变（Karlin，1990）。这种现象在潮滩沉积、近海陆架沉积和深海沉积中都有发现（Liu et al.，2005）。

还原成岩作用与有机质的含量和沉积速率有关，而这些因素本身又常常受气候变化所控制，并最终导致磁性矿物的相变和溶解。在氧气不充足的环境中，微生物的活动会导致氧化物不稳定，从而使还原成岩作用在经过硫酸盐还原后，又同硫化氢反应，最终使磁铁矿转化为顺磁性的黄铁矿。但其中亚铁磁性的磁黄铁矿或胶黄铁矿等中间产物在硫（S）供应不足的条件下则有可能被保存下来。也有的研究者认为，还原成岩的分解作用，可能对赤铁矿等斜交反铁磁性颗粒的影响比较小（图 1–3）。

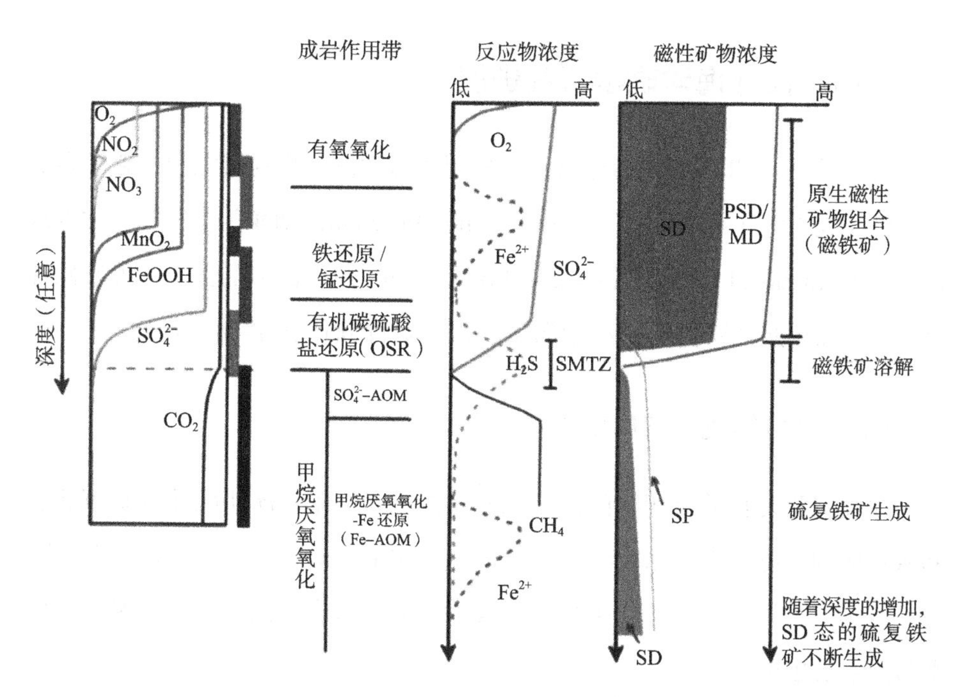

图 1–3 铁氧化物（磁铁矿等）的还原溶解过程及铁的硫化物（胶黄铁矿）的形成过程（Rowan et al.，2009）

受到还原成岩作用的沉积物，在磁学性质上有非常明显的特征。早期由于还原溶解作用，一些铁氧化物（如磁铁矿，磁赤铁矿）的含量从一定深度向下明显减少，从而使 χ、ARM 以及 SIRM 等磁性参数，自上而下快速减低。还原成岩作用对细粒原生磁性矿物的溶解，使陆源物质的粒级丰度和沉积物的 χ 之间建立了一种联系；随着还原作用的继续，早期成岩过程可以生成磁黄铁矿及胶黄铁矿等亚铁磁性矿物，这可能又会导致磁学参数的显著升高。所以，对还原成岩作用的研究成为古海洋环境磁学研究的一个新的研究方向。

1.3 环境磁学在海洋沉积物研究中的应用

1.3.1 国外海洋磁学研究进展

过去的20年里，环境磁学被广泛应用于海洋沉积物的研究中，磁学参数测量已经成为大洋钻探计划（Ocean Drilling Program，ODP）及国际大洋发现计划（International Ocean Discovery Program，IODP）初始报告的一种基础性数据。下面按照外缘物质进入海洋的载体对国外的研究进展进行简述。

1.3.1.1 海洋中冰筏碎屑物事件

冰筏沉积是负载沉积物的浮冰进入海洋或湖泊中，冰块融化导致沉积物卸载形成的。海洋中的冰筏沉积物（Ice Rafted Debris，IRD）往往成层出现，其特点为：粗颗粒的组分较多且伴随着生物碳酸盐含量的减少，与黏土等细颗粒层互层出现。

在古气候研究中，海因里希事件（Heinrich Events，HE）备受关注。HE最初由海因里希（Heinrich）于1988年在东北大西洋沉积物中发现，其特点为冰筏沉积物的异常出现（Heinrich，1988）。之后，又有研究发现HE与冰芯中记录的气候异常在时间上存在一致性（Bond et al.，1992；Broecker，1994）。尽管，HE的发生机制尚未解决，毫无疑问的是这种千年尺度上的气候事件肯定与地球各圈层间的相互作用有关。在过去的研究中，磁学方法在识别HE及探讨其成因方面发挥着重要作用。

环境磁学可以快捷识别出HE事件及其范围。早在1986年，有学者通过对北大西洋8个柱状样的研究发现，表征磁性矿物含量的磁化率或SIRM指标的高低分别对应着冰期的泥灰土和间冰期的含微化石的石灰石（Robinson，1986）。冰期时，磁性矿物含量增高与碳酸岩产生受限和IRD广泛发育有关，同时与北大西洋极锋的北移有关，反之，间冰期亦然。SIRM/χ在冰期/间冰期也存在着很大的差异，反映磁性矿物组分的不同，这可能与磁性矿物在不同时期的来源有关。在此基础上，格鲁塞等（Grousset et al.，1993）利用χ对HE的时空分布进行了研究，指出HE主要分布在两个区域：H1，H2，H4和H5分布在冰川极锋的北部边界；H3主要限制在北大西洋的东部（H1~H5对应从新到老的5次HE）。多德斯韦尔等（Dowdeswell et al.，1995）利用北大西洋50根海洋钻孔的磁化率划定了H1和H2的范围与厚度，发现二者的厚度都具有明显的“东向衰减”趋势，可能表明H1和H2具有相似的漂移路径。虽然拉布拉多深海钻孔P–094中快速沉积的碎屑层部分对应着HE事件，但斯通纳（Stoner et al.，1996）通过对碎屑碳酸盐层和低碎屑碳酸盐层的磁性矿物种类、粒径及含量进行精确厘定后，发现二者在磁学方面的相似性表明冰筏沉积物可能不是最主要的沉积机制，其可能还受控于浊流的悬浮沉积物。

虽然HE的形成机制尚不明确，但详细的环境磁学分析具有潜在的应用价值。在东北大西洋的17根更新世钻孔中，通过对χ，ARM及ARM/χ的综合比较研究，罗宾逊等（Robinson et al.，1995）发现HE事件的磁化率变化不仅受碳酸盐稀释影响，还与磁性颗粒的来源、含量密切相关，基于此重建了HE事件的模式，并对当时气候变化进行了讨论。1998年，斯托纳等（Stoner et al.，1998）率先利用古地磁相对强度对拉布拉多海域的柱状样（P–013孔，P–012及P094孔）进行定年，新的年龄标尺表明：大西洋表面温度低，HE事件和χ_{ARM}/χ的相互关系可能是劳伦冰盖不稳定性的表现，同时利用环境磁学参数（NRM，χ 及 IRM）和 X 射线等参数确定了北大西洋几根钻孔中晚始新世到早渐新世沉积物中的坠石为冰川造成的 IRD 沉积，排除了海冰造成的影响，因此，埃尔德雷特等（Eldrett et al.，2007）认为早在较温暖的古新世期间，北半球就存在着大陆冰川。瓦尔登等（Walden et al.，2007）对北大西洋 OMEX–2K 孔中 H1 和 H2 段的沉积物进行了详细的岩石磁学研究，磁学结果不但可以识别 HE 事件，而且磁性矿物种类及含量在 H1、H2 事件和 H2 前奏中存在着显著的不同，这揭示着磁性矿物的来源存在差异，可能与 IRD 物质来自于不同的大陆冰架有关。其研究结果表明环境磁学手段在确定 IRD 物质源区具有广阔的应用前景。

蔻法格和道德斯韦尔（Cofaigh，Dawdeswell，2001）对南极半岛西部与威德尔海及舍海的沉积物开展研究，指出磁化率及其他参数表明间冰期的 IRD 增多可能是低沉积速率和水流分选的结果，而非区域性的冰筏增加，这可能意味着南极半岛西部沿岸的冰架在晚第四纪以来并未发生大的崩塌。但是，ODP109 孔全岩芯的磁化率及 X 射线衰减密度等物理参数清楚地反映出 IRD 的变化，坎福什（Kanfoush et al.，2002）认为这种千年尺度上的变化可能反映威德尔海区冰架的不稳定性。另外，对南大洋海域的表层样品的磁化率及 IRD 研究发现，不同区域的冰筏物质受不同因素影响，如底层流、浊流及水流分选等，皮伦等（Pirrung et al.，2002a）认为这可能是南大洋沉积物 IRD 记录复杂性的原因。

1.3.1.2 河流输入物

河流输送是海洋沉积物的主要来源，现在全球每年河流输送的泥沙量为 20 000Tg 左右。然而，环境磁学很少应用于这类沉积物，其原因是海洋中河流源的沉积物还受控于气候外的其他因素（潮汐、构造运动等）。

在众多的磁学参数中，磁化率在这类沉积物中的应用最为广泛。斯坦因等（Stein et al.，2004）对全新世以来极地喀拉海沉积物变化进行研究时，发现磁化率的差异可以很好区分叶尼塞河和鄂毕河的泥沙输送物质，且北部的BP-9904/7孔的磁化率记录暗示着西伯利亚地区的气候和河流输送量在百年至千年尺度上存在周期性变化，可能与极地波动及北大西洋涛动有关。又如，葡萄牙陆架钻孔中近250年以来沉积物的磁化率、中值粒径与北大西洋涛动的相关关系表明，磁性矿物的变化可能主要受控于河流输送的细颗粒物质（Alt-Epping et al.，2009）。同样地，在比利亚南部泥盆纪海洋沉积物中，磁化率的周期性变化可能反映受岁差影响的物源输入量的变化（Vleeschouwer et al.，2011）。但是，来自河流输送的海洋沉积物的气候信息并不只是与河流的输送量有关，可能还与源区的干旱化相关（Zhang et al.，2007）。科林等（Colin et al.，1998）对孟加拉和安德曼海的钻孔进行高分辨率的环境磁学及地球化学分析发现，磁性矿物的粒径变化受控于其源区（即布拉马普特拉河和伊洛瓦底江流域）的夏季风强度变化。亚马孙ODP942孔中，环境磁学及地球化学指标表明亚马孙盆地在新仙女木（Younger Dryas）期间气候干旱，亚马孙河流输送量低，且亚马孙河输送关闭的事件大概发生在距今9500年前左右（Maslin et al.，2000）。韦伯等（Weber et al.，2003）在孟加拉扇的几个钻孔中同样发现，源于恒河布拉马普特拉河的沉积物，其磁化率等物理参数具有与极地低温有关的次轨道周期。

阿布拉耶维奇等（Abrajevitch et al.，2009）利用磁学手段对孟加拉湾的沉积物进行研究后发现：利用海洋沉积物中针铁矿和赤铁矿的比例反演碎屑物质源区流域的降水时，需要排除还原成岩作用的影响。另外，在远洋的某些特定沉积环境中，生物作用产生的剩磁可能是沉积物磁性获得的主要贡献之一。磁学手段可以准确地识别还原成岩及生物成因的磁性矿物，存在广泛的应用价值。

1.3.1.3 粉尘输入物

与冰筏沉积和河流输送相比，海洋中粉尘输送的陆源碎屑物质比例较少，但这部分物质的磁化率往往高出沉积区的背景值，磁学方法因而广泛地应用于海洋沉积物粉尘物质变化的研究中。早在1986年，罗宾逊（Robinson，1986）利用磁学方法对北大西洋深海沉积物进行过研究，认为磁性矿物的变化可能反映着陆源（粉尘输送）的变化。多伊等（Doh et al.，1988）在LL44-Gpc3孔中进行磁性地层研究时发现，磁学参数的主要变化与古海洋中其他气候代用指标具有相似性，暗示磁学方法可能成为研究粉尘活动的代用指标。布卢门达尔等（Bloemendal et al.，1988）对东赤道大西洋的晚第四纪钻孔进行研究后发现，磁学参数的变化与氧同位素的变化和碳酸盐的含量密切相关，因此认为：磁学手段可以很好地对古海洋研究的传统方法进行补充。布卢门达尔（Bloemendal）和德梅诺卡（Demenocal）成功地将磁化率的变化应用于古海洋研究，发现阿拉伯海和东赤道太平洋地区气候变化具有明显的轨道周期性；2.4Ma以后主周期的变化，可能与冰盖面积迅速增长致使季风输送物质的变化有关（Bloemendal，Demenocal，1989）。位于阿拉伯海的ODP117孔，充分地验证了环境磁学可以用于古海洋的研究的结论，该孔的磁学参数具有很强的轨道周期，且能反映粉尘输入的浓度和通量变化（Bloemendal et al.，1993）。在此基础上，进而可以探讨粉尘与气候变化的相互关系。例如，X射线荧光及环境磁学数据表明，磁学参数可以作为红海沉积物中粉尘含量的指标，其变化与海平面的变化在相位上具有明显的不同，罗林等（Rohling et al.，2008）据此认为，海平面在氧同位素3阶段大幅度的变化与南极环境变化极其相似。特劳斯等（Trauth et al.，2009）将海洋沉积物磁化率通过回归模型换算出粉尘通量，并结合孢粉等气候指标对非洲上新世—更新世的气候变化进行了探讨，推测热带非洲的水文循环与低纬地区热量影响的季风变化有关。详细的环境磁学研究表明，地中海地区 LC07 和 LC10 孔在冰期时粉尘通量增加，可能与非洲粉尘输入增加有关（Dinarès et al., 2003）。

一般认为，高矫顽力含量（HIRM）可以反映陆源粉尘的输入量。在塞内加尔大陆边缘钻孔中，沉积物中的 HIRM 在千年尺度上的变化与北大西洋 HE 冰退的时间相符；且 ARM/SIRM 暗示着磁性矿物粒径变粗，结合 Ti/Al 及 Si/Al 的变化表明冰期时大气环流较强，从而增强风的搬运能力（Itambi et al., 2009）。豪恩思洛和马赫（Hounslow，Maher，1999）在 ODP Leg 117 孔中发现，亚铁磁性的信号仅在该孔上部 7m 占统治地位，可以反映源区的干旱化；而其下部的磁学信号受控于顺磁性的物质，磁化率与反映风力强度的 Ti/Al 的解耦，可能反映粉尘源区的变化。在确定 82PCS01 孔（位于亚速尔群岛东北部的深海平原）的磁性矿物为针铁矿的基础上，有学者利用 HIRM 反映粉尘的含量（即深海沉积物中的元素铁含量），并结合其他气候指标进行探讨，其结果不支持南大洋 Termination Ⅱ 阶段存在受粉尘控制的"铁营养化"（Hounslow，Maher，1999）。另外，粉尘来源的海洋沉积物中不同组合可能与其物源变化有关。

通过对北太平洋 5 个钻孔进行详细的环境磁学分析，山崎和伊卡（Yamazaki，Ioka，1997）发现：风尘来源的高矫顽力物质相对含量自 2.5Ma 以来明显降低，同时伴随着磁性矿物含量（χ 和 SIRM）的减少，这一现象对应着北半球冰期和中国黄土沉积开始的时间；并且 S-ratio 具有明显的 400ka 的偏向率周期，表明 S-ratio 等可以有效地研究亚洲风尘的变化。因此，海洋沉积物中粉尘物质还可以成为海陆间气候对比的良好载体。

1.3.1.4 底层流的影响

无论是冰筏物质，还是粉尘或者河流输送的物质，在海洋形成沉积物后，都可能会受到底层流的影响，如会改变原有的物理属性及沉积信息等。经过底层流改变形成的沉积物称为平流沉积或漂流沉积，其分布特点与纬度位置无关（Faugeres，Stow，1993）。

基塞尔等（Kissel et al.，1997）在 SU90–33 孔中发现，磁化率及蒙脱石含量变化具有明显的冰期 / 间冰期旋回；而该孔中的磁化率各项异性（AMS）可能揭示着底层流强度的变化，即间冰期时较强、冰期时较弱。同样地，MD95–2010 孔中，ARM 和 SIRM 的谷（峰）值对应的暖（冷）期，AMS 和 ARM 显示磁性颗粒为椭球形，且各项异性变化的强弱与气候的暖冷对应（Kissel et al.，1998）。因此，北大西洋的这两个孔中磁学所反映的相似信息，可能揭示沉积物中的磁性颗粒结构与底层流存在一定的关系。进而，基塞尔等（Kissel et al.，1999）推测（大西洋）北欧海到百慕大隆起的 7 个深海钻孔中磁性参数在氧同位素 3 阶段存在短期的波动可能与从源到汇过程中底层流的搬运能力有关，即在氧同位素 3 阶段深层海水活动具有强弱变化。

结合环境磁学和地球化学数据可以区分腐泥形成过程中底层海水流动性和海水生产力的相对贡献，而磁学性质对底层海水流动性变化较敏感，故此，拉索纳尼亚等（Larrasonaňa et al.，2003）利用磁学手段研究了 ODP996 孔 4.0Ma 至 2.0Ma 的底层海水流动的变化情况，其结果表明底层海水的流动性受偏心率变化的影响。尽管底层流的活动性与气候变化之间的响应机制尚不明确，但前人研究结果显示这似乎和太阳活动变化有关。马佐德等（Mazaud et al.，2007）在南印度洋进行 D94–103 孔、MD94–104 孔及 MD88–769 孔中沉积物研究时，发现对应于 H4 和 H5 时的磁性矿物沉积达到峰值，暗示着当北大西洋深层水减弱时，存在较强的南极绕流，南北半球具有“跷跷板”效应。

根据北大西洋漂移沉积物的磁组构，哈索德等（Hassold et al.，2006）成功地分析了10Ma以来Feni Drifts和Gardar Drifts深海流的演化。而帕雷斯等（Parés et al.，2007）利用沉积物的特征剩磁（ChRM）方向将AMS的主轴旋转至地理坐标下，从而恢复出古海洋环流的方向，其与该地区（南极半岛）沉积物漂移的形态相一致。这暗示着沉积物的AMS等磁学性质还可以用来研究底层流的历史。基塞尔等（Kissel et al.，2009）对北大西洋一系列的钻孔进行了详细的岩石磁学分析，在确定磁性矿物来源的基础上，发现粒径和浓度参数自北向南都存在减小趋势，从而成功地识别出底层流的运移轨迹。又如，在南半球，哈索德等（Hassold et al.，2009）和马佐德等（Mazaud et al.，2007）利用沉积物的磁学性质分别对南极绕流自晚中新世和以来不同时间尺度上的变化进行了成功的解译。

1.3.1.5 混合源区

全球海洋沉积物中，各种陆源组分具有大致的纬度地带性特征，在一定的区域各组分存在着交叉混合。在低纬地区，沉积物的变化经常受河流输送和风所携带的粉尘共同作用。例如，在对东地中海沉积物的磁化率和地球化学指标进行对比研究时，拉拉索阿纳等（Larrasoaňa et al.，2008）发现该区域的磁性矿物除了来自于传统认识上的撒哈拉沙漠的粉尘，还主要混有欧亚大陆河流及尼罗河的泥沙输送。伊坦比等（Itambi et al.，2009）对非洲西北部的3个陆架钻孔进行了详细的环境磁学、地球化学和DRS分析，发现北部钻孔（如GeoB9516–5）沉积物的变化主要受控于风成粉尘的输入量；而南部的GeoB9527–5则主要反映河流输入量的变化。进一步的研究表明，GeoB9516–5孔中的磁性矿物受河流输入和风成粉尘的共同影响，位于两种物源共同控制的混合区。同样地，西非海域也存在着河流输入和粉尘共同影响的沉积区，如GeoB 4906–4孔（Itambi et al.，2010）。

在中高纬海域，冰筏沉积物同粉尘等来源的物质交互影响沉积物的组合。

北大西洋 8 根深海沉积物钻孔中，磁性矿物种类和粒径的变化受气候影响较弱，罗宾逊（Robinson，1986）结合 X 射线衍射等参数得出，磁性矿物主要反映了冰期间冰期陆源物质的源区变化：冰期时，陆源物质主要来自高纬地区的冰筏物质，并混有一定量低纬度粉尘；间冰期反之。在北欧海表面沉积物的磁化率和冰筏物质相互关系分析的基础上，皮尔隆等（Pirrung et al.，2002a）认为全新世冷期时，来自冰岛的冰筏物质并未受阻截，在亚极地涡旋作用下同其他局地非冰筏物源混合。南大洋中的大西洋区域的表层沉积物磁化率的空间分布表明：该区域的磁性矿物来源复杂，包括毛德皇后地的镁铁质火成岩、冰期输入的碎屑及底层流和浊流造成的再沉积，以及风尘颗粒的输入（Pirrung et al.，2002b）。源区的复杂性无疑增加了提取气候信息的难度，如在南印度洋凯尔盖海台东部的钻孔中，马佐德等（Mazaud et al.，2010）发现磁化率在氧同位素 3 阶段时同样呈现“锯齿状”的增高，但 ARM/IRM 所表征的粒径却变细，可能与海平面波动导致的沉积物源区变化有关，使绕南极流强度变化及南北半球间的气候响应机制的解释变得复杂。

1.3.2 国内海洋磁学研究进展

同国际上相比，我国在海洋科学方面起步较晚，研究主要集中在滨海沉积及边缘海沉积物。20 世纪 80 年代初开始，我国学者开始利用磁学对海洋沉积物进行研究，其发展可以分为三阶段。

第一阶段：20 世纪 80 年代至 90 年代初，主要利用磁性地层进行定年。例如，丛友滋等（1980）对黄海两钻孔岩芯进行古地磁分析（LAM–24 无定向磁力仪），并利用沉积物中泥炭层 ^{14}C 的年龄测定，发现在这两个钻孔的沉积物中有与拉尚事件相对应的层位，并基于此估算该海域的沉积速率。这一时期，磁性地层在渤海湾（李华梅，王俊达，1983）、南黄海滨岸沉积（丛

友滋 等，1984）、长江三角洲（邢历生 等，1986）及黄海（周墨清，李旭，1989；周墨清，葛宗诗，1990）中得到广泛的应用。

第二阶段：20世纪90年代初至20世纪末，国内学者在磁性地层及各种定年的基础上，开始进行环境磁学分析。例如，南中国海SCS01孔的研究中，有学者利用古地磁方法及氧同位素曲线识别出布容期的五次负极性事件，这些事件很好地对应着南海的冰期。磁学信号（χ和天然剩磁NRM）有着很好的天文轨道周期（Chen et al.，1992）。在众多参数中，χ最为常用。侯红明等（1996）利用奇异谱分析方法对南海北部SO–50–59KL孔测得的χ进行研究，发现该孔中的χ变化存在着明显的地球轨道偏心率、岁差及岁差半周期，较好地响应古气候的变化。南黄海QC2孔沉积物的磁化率研究表明，χ的变化特征整体反映气候变化的总趋势，同时也反映出气候变化的诸多细节，可以为该区气候变化研究提供重要的依据（葛宗诗，1996）。随着*Rock Magnetism-Fundamentals and Frontiers*的问世，国内学者开始在海洋研究中进行多参数的环境磁学分析。刘健等（1997）对南黄海东北陆架YSDP105孔冰消期以来的沉积物的磁学特征研究表明，该孔磁性矿物的粒径受控于沉积环境，反映了沉积水动力的大小；高矫顽力磁性矿物的含量自冰消期以来逐渐降低，表明进入黄海的风尘物质逐渐减少。

第三阶段：20世纪末至今，环境磁学结合其他参数对周边海域的环境变化已经取得初步的认识。

渤海：姚政权等（2006）利用磁性地层获得了渤海湾海陆交互相沉积BZ1孔和BZ2孔的年龄，其磁性界限之间的平均沉积速率揭示了渤海湾及黄骅坳陷区的构造趋势。

黄海：刘健等（2002）从磁学性质的角度分析了南黄海北部YA023柱状样，结果表明该沉积物的磁性矿物特点明显不同于中国风成黄土，而属于末次冰期河流的洪泛沉积结果。南黄海东南部冷涡泥质沉积区YSDP103孔中，除上表层外，均遭受了还原成岩作用，导致磁性矿物的含量和低矫顽力组分比例显著降低，进而探讨了该海域环境变化对磁性矿物成岩过程的控制（刘健 等，2003）。同样地，葛淑兰等（2003）对来自南黄海表层沉积物磁化率的研究表明，该海域的表层沉积物受控于物源和沉积环境两方面，因此，不能像在黄土或者湖泊沉积物中直接用作气候待用指标。南黄海中部平原的钻孔 EY02–2 磁性地层研究揭示了 M/B 极性界线，并识别出布容期内和松山期的多次极性漂移。磁化率和沉积物的粒度可以揭示一些大的环境转换界面。但是，二者可能由于半封闭陆架海复杂的沉积物源和冰期 – 间冰期沉积动力的变化复杂，不能简单地作为气候变化指标与深海氧同位素曲线进行对比。

东海：在对东海内陆架 EC2005 孔沉积物的研究中，孟庆勇等（2006）发现该孔和平均粒径总体上呈正相关，磁性颗粒主要赋存在粗颗粒物质中，这种相关关系与水动力强弱有关。东海内陆架 EC2005 孔沉积物的 χ 受多种因素制约，徐方建等（2011）发现该孔不同层位的主要控制因素不同，应用 χ 作为气候代用指标时需要谨慎。在东海北部外陆架 EY02–1 孔中，葛淑兰等（2008）识别出两次确定的磁极性漂移或倒转事件。胡忠行等（2012）对东海内陆泥质区 F17 岩芯的磁学参数进行了详细研究，发现早期成岩作用对磁性矿物有着重要的影响，总体上表现为随深度增加，亚铁磁性矿物含量下降，其中超顺磁颗粒优先溶解，而单畴亚铁磁性颗粒则呈现先增后减的趋势。这一随深度增加和还原加强，磁性矿物含量下降的现象与其他地区报道的结果类似，但早期成岩过程中磁性矿物类型和颗粒大小随深度的变化模式，不同地区存在一定差异。郑妍等（2012）对长江口水下三角洲 YD0901 孔岩芯沉积物进行了高分辨率岩石磁学研究，结果表明：岩芯沉积环境由下部的还原环境变为上部的氧化环境。虽然底部沉积物中磁性矿物受成岩作用改造，但是粗颗粒的磁铁矿和赤铁矿影响较小，仍然保留了部分古气候信息。

南海：李华梅和杨小强（1999）在南海 93-5 钻孔得到了可靠的古地磁年龄，杨小强等（2002）进而对该孔中的 χ 和 ARM 进行了研究，发现 χ 的变化与氧同位素曲线有着良好的对应关系，其大小变化反映了南海南部 200ka 以来气候的暖、冷旋回。通过进一步研究该孔记录的地球磁场相对强度，杨小强等（2006）发现该孔的相对强度曲线与全球磁场相对强度在千年尺度上是可以进行对比的。在对南海北部陆坡 DSH-1C 柱状样的研究中，罗祎等（2010）发现该孔中磁性参数的变化与冰期和间冰期的气候变化有关。汤贤赞等（2009）对南沙群岛海区 NS97-13 柱样沉积物进行了 AMS 分析，重建了研究海区的水流方向、沉积物的沉积形式，并从 χ 中识别出 Heinrich 层中冷事件（H1 至 H6）。张江勇等（2010）对南海西沙群岛附近陆坡、南海南部陆坡以及东沙群岛附近陆坡第四纪的 χ 变化特征进行了综合对比，并初步分析了 χ 与碳酸钙百分含量变化间的关系，其结果表明磁化率在南海地区的地层划分方面有一定的应用前景，但需谨慎对待划分结果。欧阳婷萍等（2014）对南海南部的 YSJD-86GC 孔沉积物柱样进行了详细环境磁学研究发现：该孔沉积物磁化率主要由沉积物中的细粒物质贡献，沉积物的磁性特征反映的是陆源物质的信息，同时受陆源物质输入量、物源区的氧化－还原条件变化及搬运环境和距离等多种因素的共同影响。王世朋（2014）等对南海北部陆坡神狐的 GHE24L 岩芯的磁性特征进行了研究，发现其沉积物中的磁性矿物主要是假单畴磁矿物，其含量和粒度的变化记录了过去 20ka 的环境演化信息。

这一时期，国内学者开始对邻近海域进行研究。侯红明等（1996；1997）通过对南极普里兹湾 NP95-1 以及长城湾 NG93-1 两柱样的环境磁学进行研究，探讨南极海区沉积物磁学性质及其与区域及全球环境变化的关系。李萍等（2005）对冲绳海槽 4 个沉积环境的代表性样品进行了粒度分离并获得了多个磁学参数，认为磁性矿物以假单畴的磁铁矿为主，在物源上表现出有一定联系，但在其他环境因素影响下，又体现出不同的磁性特征。刘健等（2007）从磁学特征差异的角度探讨了黄东海陆架和朝鲜海峡物源不同。葛淑兰等（2003）将西菲律宾海两个连续岩芯的相对强度与全球地磁场相对强度曲线 Sint800 进行对比，发现磁性矿物的粒度变化具有冰期－间冰期的旋回，且记录着太平洋海区及其他海区普遍出现的中布容事件。在东菲律宾海 F090102 柱样中，识别出松山反极性时的贾拉米洛和奥杜威正极性事件；岩石磁学结果表明：磁性矿物主要来源于陆源碎屑，可以反映沉积环境和古气候的变化（孟庆勇 等，2006）。李海燕等（2006，2007）成功在孟加拉扇和东帝汶海钻孔进行环境磁学分析，发现都存在还原成岩作用对沉积物磁记录的影响。汪卫国等（2014）对白令海和西白冰洋 61 个站位的表层沉积物的环境磁学进行了分析，结果表明：受物质来源、洋流、沉积环境等因素的控制，白令海和西北冰洋沉积物中的磁性矿物种类和成因具区域性特征；并指出在利用环境磁学参数进行沉积物柱样古气候环境变化的研究中，需要考虑不同区域磁性矿物的来源和变化等因素的影响。

1.4 研究对象、研究内容及研究路线

南黄海辐射沙脊群地区的高分辨率环境记录对于理解全球气候与环境变化至关重要。前人对南黄海辐射沙脊群地区的碎屑矿物分布与组合特征、沉积层结构、形成与演变规律、沉积环境演化进行了研究和分析，然而对环境变化敏感的环境磁学的研究尚属空白，亟须在具有良好古环境研究的基础上深入探讨南黄海辐射沙脊群地区的磁学变化机制。因此，本研究选取南黄海辐射沙脊群 Y2 孔和 YZ07 孔作为主要研究对象，同时针对江苏沿海现代潮滩沉积物进行环境磁学研究，结合 ^{14}C、OSL 和古地磁测年数据和粒度、烧失量（LOI）、生物量等指标，探究 Y2 孔和 YZ07 孔在不同时期发育的沉积相特征，

并进一步解释不同沉积相中磁性矿物的差异；同时结合现代潮滩沉积物磁性矿物特征和邻近区域钻孔沉积相的变化，解释影响磁性矿物的主要因素及沉积环境的不同。

本书结构如下。

第 1 章介绍环境磁学的理论基础，以及环境磁学在海洋沉积物中的研究进展及本书主要研究内容。

第 2 章介绍南黄海辐射沙脊群地区的地质背景、前人开展的气候环境重建研究工作及取得的成果。

第 3 章介绍江苏沿海潮滩沉积物磁性矿物的差异，以及导致磁性矿物差异的原因。

第 4、第 5 章介绍晚更新世以来南黄海辐射沙脊群地区 Y2 孔和 YZ07 孔海洋沉积物的磁性特征，并初步探讨其环境的指示意义。

第 6 章对比晚更新世以来南黄海辐射沙脊群地区海洋沉积物的磁性特征，旨在揭示其内在机制并探讨其环境指示意义。

第 7 章总结本书研究结果及对将来研究工作的展望。

本书的研究路线如图 1–4 所示。

1.5 主要工作量

本研究工作量统计见表 1–2。包括原始样品采集总量，以及各种测量、分析的样品数量等。

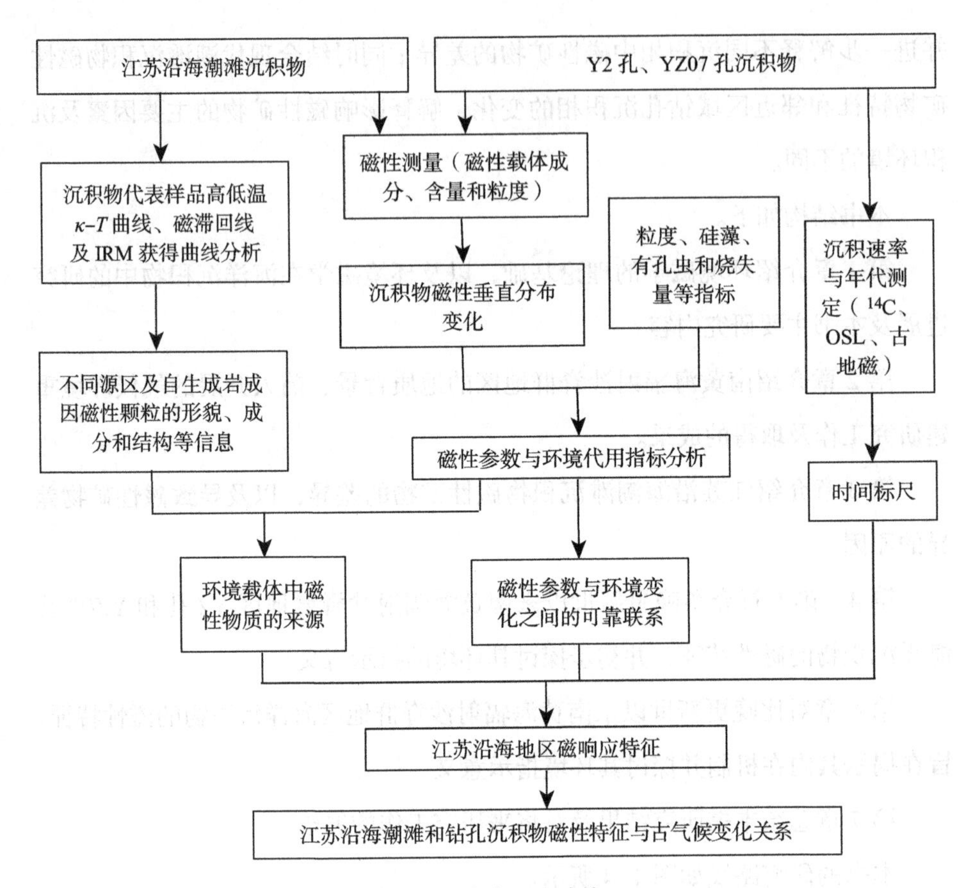

图 1–4　本书研究路线

表 1–2　本研究工作量统计

单位：项

样品种类	磁化率	频率磁化率	ARM	SIRM	S–ratio	等温剩磁获得曲线	高温 κ–T 曲线	低温 κ–T 曲线	磁滞回线	退磁曲线
潮滩沉积物	21	21	21	21	21	21	21	10	21	21
Y2 孔沉积物	218	218	218	218	218	14	14	7	14	14
YZ07 孔沉积物	1280	1280	1280	1280	1280	34	34	10	34	34

第 2 章　研究区概况与实验方法

2.1　辐射沙脊群地貌

辐射沙脊群分布于江苏北部海岸带外侧、黄海南部陆架区域，其范围大体上自射阳河口向南至长江口北部的蒿枝港：南北范围界于 32°00~33°48′N，长达 199.3km；东西范围界于 120°40′~122°10′E，宽度为 140km。大体上以弶港与洋口港之间的黄沙洋为主轴，自岸至海城展开的褶扇状向海洋辐射，由 70 多条沙脊与分隔沙脊的潮流通道组成。脊槽相间分布，水深介于 0~25m，很少超过 40m。

辐射沙脊群中主干沙脊 21 列，从北向南依次是：小阴沙、孤儿沙、亮月沙、东沙（沙洲与水下延伸的沙脊部分）、太平沙、麻菜珩（大北槽东侧沙）、毛竹沙、外毛竹沙、元宝沙、苦水洋沙、蒋家沙、黄沙洋口沙、河豚沙、太阳沙、西太阳沙、大洪梗子、火星沙、冷家沙、腰沙、乌龙沙与横沙。分隔主干沙脊的潮流通道主要包括：西洋（东通道与西通道）、小夹槽、小北槽、大北槽、陈家坞槽、草米树洋、苦水洋、黄沙洋、烂沙洋、网仓洋、小庙洪 11 条，均为水深超过 10m 的大型潮流通道，深度向海递增。

南黄海辐射沙脊群是自弶港—洋口港之间的海岸外端，向海洋呈辐射状分布的大型陆架浅海堆积体，包括已露于海面以上的沙洲，大面积的隐伏于海面以下的沙脊及沙脊间的潮流深槽通道。

2.2 地质构造

南黄海辐射沙脊群位于扬子淮地台的苏北—南黄海凹陷带，其北部以淮阴—响水—燕尾港一线为界，与华北地台的胶辽隆起相接，西侧与南侧为扬子褶皱带。地形上尚可辨认出低山、丘陵断续环绕的洼湾，大体上是自大运河—湖泊带的山丘向东延伸至黄海。

辐射沙脊群地处苏北—南黄海凹陷带之中，基地为一整套古生代地层，在中生代与新生代经受强烈的构造运动，形成大型的沉积盆地，盆地中积累着新生代的沉积地层，大体上，上古生代和三叠纪为浅海相灰岩与泥岩；三叠纪末的印支运动使苏北—南黄海凹陷呈 NE 向展开的喇叭状雏形盆地，沉积了中、下侏罗纪的灰绿色的砂质泥岩及泥质砂岩，以及结合了白垩纪红色碎屑岩系、紫色砂岩及砂质泥岩等陆相沉积，该时经印支—燕山运动发生强烈褶皱、断块和差异升降；新生代喜马拉雅山运动多次发生升降和断块运动，使凹陷盆地大幅度下降，并堆积了厚度达 2000m 的灰色、棕色砂岩、泥岩、杂色泥岩夹砂岩，形成了厚层新生代沉积盆地。喜马拉雅山运动是多旋回的，运动强度是东强西弱，使苏北—南黄海凹陷自西向东倾斜，沉积层向海域增厚。

苏北—南黄海凹陷主体受 NNE 向和 NWW 向两组断裂控制，其次受 NE 及 NW 向断裂影响，均为规模宏大的深大断裂，控制着新近纪以来的沉积范围，并成为苏北—南黄海地区新构造与地貌的分区界限。第四纪新构造运动继承了第三纪断裂控制的断块升降性质，沿断裂带形成了一系列成 NW 向分布的湖泊：太湖、高邮湖、洪泽湖、骆马湖、微山湖、独山湖、蜀山湖等。江苏北部的海岸线大体上呈 NW 向，受 NW 向大断裂及南黄海大断裂所控制。区域新构造运动使苏北凹陷扩大，沉积中心南移，沉积速率最大的区域在长江三角洲的沉积中心——吕四附近，而苏北凹陷第四纪沉积中心在大丰、东台一带，即现代沉降中心处于南迁过程中（王颖，2014）。

2.3　气象与水文

本节主要讨论江苏沿海地区及海域的自然环境，其环境在这一地域范围具有一定的一致性，因此也可用以代表辐射沙脊群海陆的相关自然环境。

江苏沿海地区位于北亚热带与暖温带之间，兼受海洋性和大陆性气候的双重影响。以灌溉总渠为界，渠南气候类型属北亚热带季风气候，渠北气候类型属暖温带季风气候。

年平均气候北低南高，渠北 13~14℃，渠南 14~15℃;受海洋调节，气温年、日变化较内地小；冬半年偏暖，夏半年偏凉，春季回暖迟，秋季降温慢。太阳总辐射量在渠北为 493.9~503.3kJ/（cm^2·a），渠南为 460.4~493.9kJ/（cm^2·a），全年总辐射量的 60% 集中在 5 月中旬至 9 月中旬。

沿海地区因受季风气候影响，降水较多，暴雨频繁。本区多年（1956—2000 年）平均降雨量 995mm，约是全国平均值的 1.55 倍，为湿润区。多年平均降雨量由南向北递减，年际变化较大，丰水年 1164mm，特枯年 679mm。夏季降水可达全年的 40%~60%，冬季仅为 5%~10%。

冬季江苏沿岸海域海面平均风速 4.21m/s，以 N 向、NW 向或 NE 向为最大风频，夏季江苏近海海面平均风速 2.76m/s，以 S 向或 SW 向为最大风频。冬季江苏沿岸盛行 NE–ENE 向风，风速相对较大，北部海州湾内有低速的向岸风，近岸还有雨，盛行风向相反的 SE 向沿岸风，中部辐射沙脊群海域以 NW 向为主，风速较近岸低，弶港以南有低速近 E 向风。夏季，江苏近岸风向较为一致，以 SE–SSE 向为主，受海岸线的影响，废黄河口以北海区以 SE 向为主，以南区以 SSE 向为主。在弶港以南有 NW 向风。总的来说，江苏沿岸风向都与海岸平行，而弶港以南到长江口是江苏沿岸风速风向变化较复杂的地区。

2.4 海洋水动力条件

2.4.1 水温和盐度

本区海域平均最低水温在 2 月，最高水温在 8 月。最低水温表层为 4.9℃，底层为 5.1℃；最高水温表层为 27℃，底层为 26℃。在沙脊群的极浅水域，冬季水温为 3~4℃，夏季水温为 29~30℃，沙脊群水温的升降过程比外海水域快。海水盐度介于 29.53‰~32.24‰，主要受陆地径流注入的影响，枯水期（12 月—次年 2 月）较高，汛期较低（5—8 月）。

本区海域紧邻陆地，水温受陆地影响，季节变化明显。冬季（2 月）近岸水域为低温低盐区，水温为 2~4℃，盐度为 29.11‰，外海水域（水温 > 15℃）水温及盐度均较高，水温为 5~7℃，盐度为 32.9‰。冬季水温盐度的表层与底层变化均不明显。夏季（8 月）近岸表层及底层的水温均在 29℃以上，即受陆地及沙洲影响明显；盐度为 29‰~31‰，近岸受入海径流的影响，河口区表层为低盐度区，长江口盐度为 24‰~26‰，射阳口盐度为 22.69‰。

2.4.2 潮汐与潮流

本海域深水区潮汐类型为正规半日潮，在近岸浅水区浅海分潮显著，潮流过程发生明显的变形，涨、落潮历时明显不等，为非正规半日潮。

本海域平均潮差较大，为 2.5~4m，弶港—洋口海域平均潮差最大，以弶港为中心向南北两侧逐渐减小，中心部位长沙港平均潮差达 6.45m，东沙为 5.44m。在江苏如东县岸外，黄沙洋、烂沙洋是最大潮差区域，在洋口港外黄沙洋水道实测最大潮差达 9.28m（我国沿海最大的潮差记录），长沙港外烂沙洋水道，实测最大潮差为 7.64m，弶港外水道最大潮差为 5.72m（叶和松 等，1986）。

受江苏沿海弶港岸外移动性潮波的控制，涨潮时涨潮流自 N、NE、E 和 SE 诸方向朝弶港集聚；落潮时落潮流以弶港为中心，呈 150° 的扇面角向外辐射。辐射沙脊群海域为旋转流，北面潮流椭圆多为交变，北区和南区的潮流椭圆长轴指向弶港。在近岸西洋、烂沙洋和小庙洪等潮流通道，受地形影响，基本为沿深槽的往复流。其中，在射阳港至弶港之间，平均大潮流速为 1.5m/s，涨潮流为 WNW 向，落潮流为 ESE 向；小洋口岸外涨落潮流速平均可到 1.8m/s；吕四小庙洪潮流通道涨潮流速可达 2m/s 以上，落潮流速平均达 1.75m/s，涨、落潮流速均较大，曾有 4.0m/s 以上的记录。

2.4.3　波浪

波浪是水动力条件下一个极其重要的因素，对其进行分析可更加准确地预测辐射沙脊群发育的趋势，为相关海洋工程建设提供科学依据。

本海区波浪具有明显的季节性特征，并且受地形影响十分明显。整个海区盛行偏北向浪，以黄沙洋为界，在海区南部偏北向浪的频率为 63%，主浪为 NE 向；海区北部偏北向浪频率为 68%，主浪也是 NE。海区南部 SEE 向浪的波高大于北部，最大波高峰值出现在 9 月，谷值出现在 6 月。全区平均波高 0.5m，月变化不大。

本海区受海底地形的影响，等波高线环绕辐射沙脊群顶点弶港，呈弧形分布，在沙脊外围边缘，外海深水波浪传播至沙脊群海域，折射和多次的破碎造成波浪显著变形和波能损耗，波高迅速减小，呈现出一个弧状等波高带，弧圈内成为大范围的波浪掩蔽区，不同的波浪周期和潮位对波浪在沙脊群的分布有明显的分异作用。高潮位时，沙脊区全部被淹没，2s 的长周期波浪，可沿潮汐通道深槽传入。低潮位时，水位下降 5m，东沙等已露出海面，只有长周期波浪沿西洋、黄沙洋和烂沙洋等少数深槽从外海向沙脊群内部传播；

高潮位时波浪传播受地形影响较小，低潮位时波浪只能沿深槽传入。所以，波浪对沙脊地貌的影响，主要是高潮时的长周期波（刘振夏，2004）。

2.4.4 风暴潮

在江苏沿海地区，台风中心气压极低的涡旋系统会使台风增水，在台风中心区局部海面会被抬高数米之多，从而造成海面升高、海水入侵等，是沿海地区台风期间的主要致灾因子之一。1950—1981 年影响江苏的台风共计 99 次，其中 93 次影响沿海地区。有重大影响的台风包括：南通市段出现 8 次，占总数的 23.5%；盐城市段出现 6 次，占总数的 17.6%；连云港市段出现 5 次，占总数的 14.7%。据连云港、射阳河口、吕四等 7 个站的资料，1971—1981 年，造成 1.5m 以上增水的台风有 13 次，增水 2m 以上的有 6 次，增水 1~1.5m 的有 20 次。

台风对江苏沿海海区的影响程度，与台风路径密切相关。对江苏沿海造成严重风暴潮灾害的台风路径主要是以下两种：一是台风中心在长江口附近登陆，并继续向西北方向移动，此种路径的台风约占北上台风的 8% 左右，增水较大，苏北中、南部沿海增水达 2m 以上；二是达到 35°N 左右的台风中心改向东北偏北方向并在朝鲜沿海登陆。这种移动路径的台风在江苏沿岸出现较多，约占北上台风的 62%，增水也较多。

2.4.5 含沙量分布特征

江苏近岸海域含沙量高，向海逐渐降低。海州湾附近海域是本区的最低值分布区，废黄河口—辐射沙脊群近海海域是表层悬沙浓度的高值区，连云港外海域冬、夏季悬沙浓度均低于 10mg/L，辐射沙脊群区的高值中心位置随季节变动，夏季偏南，冬季偏北。冬季悬沙浓度明显高于夏季，冬季射阳河口近岸海域、长江口北支海域悬沙浓度均较高，可到 1000mg/L 以上；但在夏季，海域悬沙浓度均小于 100mg/L。

2.5　实验方法

2.5.1　磁学参数测试

代表性样品带回实验室后，在自然条件下风干，取适量粉末状样品用保鲜膜包紧，装入 $8cm^3$ 的磁学专用无磁性塑料盒中，以备磁学参数的测试。

高低频（15 616Hz 及 976Hz）磁化率（κ_{hf}，κ_{lf}）采用 Agico MFK1-FA kappabridge 测量，并经质量归一获得样品的质量磁化率 χ_{hf} 及 χ_{lf}，并计算频率磁化率百分比 $\chi_{fd}\% = [(\chi_{lf} - \chi_{hf}) / \chi_{lf}] \times 100\%$。

ARM 由 long-core cryogenic magneto meter（2G Enterprises Model 755-1.65UC）完成，其中 ARM 的交流场峰值为 100mT，直流场为 50μT。

IRM 由 MMPM9 脉冲磁化仪和 Molspin 小旋转磁力仪完成，外加磁场依次为 10mT、20mT、40mT、60mT、80mT、100mT、300mT、1000mT，在峰值为 1T 的脉冲磁场下获得的 IRM 为 SIRM；而在 300mT 的反向磁场下获得的 IRM 视为 IRM_{-300}，其比值（IRM_{-300}/SIRM）为 S-ratio。

高低温 κ-T 曲线由 Agico MFK1-FA Kappabridge 和 CS-3 加热装置进行系列操作后得到。将样品自室温加热到 700℃，再冷却至室温（温度间隔 2℃左右，升降温速率为 8~10℃ /min），加热及冷却过程中，仪器自动测量体积磁化率（κ）的变化；之后利用液氮将样品冷却至 -196℃，测量样品从 -196℃至室温的磁化率变化，得到低温时磁化率随温度变化曲线。

磁滞回线由 Princeton MicroMag 2900 型变梯度磁力仪测量，最大外加磁场强度为 500mT。每个样品首先在 ±0.5T 的循环磁场中测得磁滞回线，再经过顺磁校正后确定其 Mrs、Ms 和 Hc；然后，该样品在最大值为 250mT 的交变磁场中退磁，并在 0~0.5T 的直流磁场中获得 IRM；最后，将该样品置于 0~-0.5T 的反向直流磁场中逐步退磁以获得其 Hcr 值。并计算出 Mrs/Ms 和 Hcr/Hc 的比值。

本书所有磁学相关实验均在德国图宾根大学古地磁实验室完成。

2.5.2 粒度测试

粒度采用英国 Malvern 公司生产的 Mastersizer-S 型激光粒度仪测量。仪器设置条件、样品前处理方法及测量步骤如下。

（1）精确称量 0.8g（精度为 0.001 g）自然风干样品放入 500mL 的烧杯中，加入 10mL 10% 的 H_2O_2，在电热板上加热，必要时采用玻璃棒缓慢搅拌至充分反应，以去除有机质。

（2）当不再有气泡产生后，取下烧杯，冷却，加入 10mL 10% 的 HCl，再加热至充分反应，以去除次生碳酸盐类。

（3）当不再有气泡产生后，取下烧杯，冷却，加入 500mL 蒸馏水，静置 72h；抽取烧杯上层溶液至 150mL，再加入 350mL 蒸馏水，静置 72h；重复步骤，直至用标准 pH 试纸检验溶液呈中性。

（4）抽取烧杯上层溶液至 150mL，加入 5mL 0.05mol/L$(NaPO_3)_6$ 后搅拌均匀，直至充分分散。

（5）采用英国 Malvern 公司生产的 Mastersizer-S 型激光粒度仪，在超声波为 12.50、遮光度在 17%~18%、转速为 2500 转 / 分、测量范围为 0.01~1000μm、相对误差小于 4% 的条件下，对全部余液进行激光粒度测定。

（6）对所得结果运用 Excel 2007、Origin 75 等软件进行分析。每个样品重复测量 3 次，最后取其平均值为该样品的测量结果。

2.5.3 烧失量测试

在实验室中，采用 SX-5-12 型号箱式电阻炉测量烧失量，实验步骤如下。

（1）取适量自然风干样品置于 202-2A 型电热恒温干燥箱烘干，温度设为 105℃，时间设为 24h。

（2）取相应数目的洁净瓷舟置于 SX-5-12 型号箱式电阻炉烘干，取出瓷舟，待其冷却后，精确称重（精度为 0.0001g）并记录。

（3）将烘干样品置于步骤（2）准备好的瓷舟中，依次精确称重（精度为 0.0001g）并记录。

（4）将步骤（3）制备好的瓷舟与样品放入电阻炉中，将温度设为 400℃，时间设为 2h。

（5）取出瓷舟，在干燥器中冷却至室温，再次精确称重（精度为 0.0001g）并记录。

（6）运用利用 Excel 2003 软件对测量结果进行分析。

烧失量计算公式为：

$$P=\frac{G-B}{G-A}\times 100\%$$

式中：P 为烧失量，%；G 为瓷舟与 105℃下烘干样品质量之和，g；A 为瓷舟质量，g；B 为 400℃下灼烧后瓷舟与样品质量之和，g。

粒度和烧失量实验主要在中国科学院南京地理与湖泊研究所湖泊与环境国家重点实验室完成；硅藻测试和有孔虫测试分别在中国科学院南京地理与湖泊研究所湖泊与环境国家重点实验室和浙江海洋大学完成。

第 3 章　江苏沿海潮滩沉积物磁性矿物特征

3.1　样品采集

为了详细地对江苏沿海潮滩沉积物磁学性质进行对比，对江苏沿海潮滩进行了广泛的野外调查研究，并选定若干重要地点进行样品采集，包括：东西连岛（LD1–4）、灌河口（GHK1–2）、废黄河口（FHH1–2）、射阳（SY）、斗龙港（DLG）、大丰港（DF）、弶港（QG）、小洋港（XYG）、吕四港（LSG）、圆陀角（YTJ）、三条港（STG）、崇明岛（CM1–3）。

3.2　潮滩沉积物磁性参数空间变化

如图 3–1 所示，χ 和 SIRM 变化趋势一致，从北到南表现出增加的趋势。其中，LD1 至 LD4 的 χ 和 SIRM 的值最低，χ 的最小值和最大值分别是 $1.83\times10^{-8}m^3/kg$ 和 $7.52\times10^{-8}m^3/kg$，平均值为 $4.64\times10^{-8}m^3/kg$；SIRM 的最小值和最大值分别是 $252.31\times10^{-6}Am^2/kg$ 和 $364.61\times10^{-6}Am^2/kg$，平均值为 $299.50\times10^{-6}Am^2/kg$。GHK1 至 DLG 的潮滩沉积物的 χ 最小值和最大值分别是 $24.32\times10^{-8}m^3/kg$ 和 $36.7\times10^{-8}m^3/kg$，平均值为 $31.11\times10^{-8}m^3/kg$；SIRM 的最小值和最大值分别为 $2455.17\times10^{-6}Am^2/kg$ 和 $3111.54\times10^{-6}Am^2/kg$，平均值为 $2747.48\times10^{-6}Am^2/kg$。YTJ 至 CM3 潮滩沉积物的 χ 最小值和最大值分别是 $44.11\times10^{-8}m^3/kg$ 和 $72.76\times10^{-8}m^3/kg$，平均值为 $58.07\times10^{-8}m^3/kg$；SIRM 的最小值和最大值分别是 $4304.61\times10^{-6}Am^2/kg$ 和 $8453.29\times10^{-6}Am^2/kg$，平均值

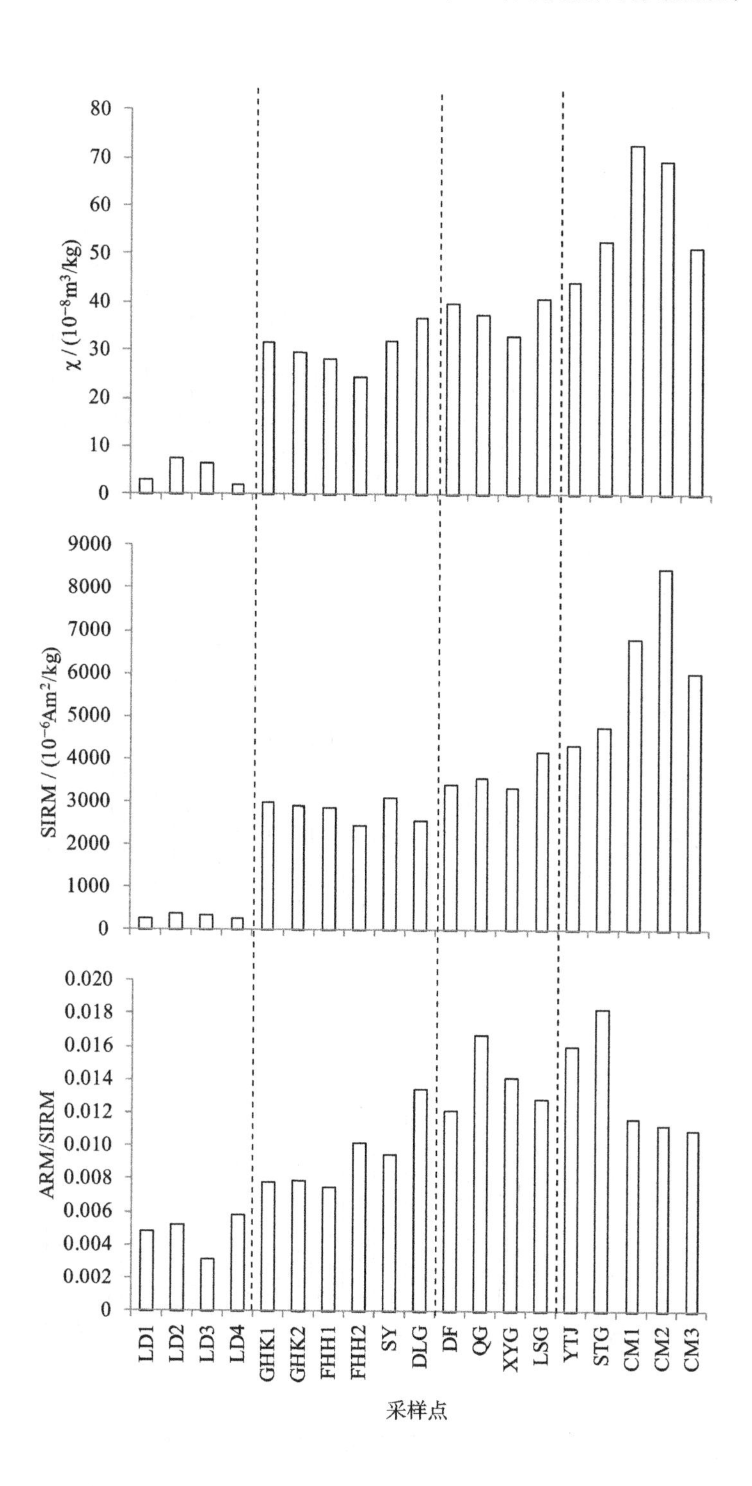

80
70
60
50
40
30
20
10
0
χ / (10⁻⁸m³/kg)
9000
8000
7000
6000
5000
4000
3000
2000
1000
0
SIRM / (10⁻⁶Am²/kg)
0.020
0.018
0.016
0.014
0.012
0.010
0.008
0.006
0.004
0.002
0
ARM/SIRM
LD1
LD2
LD3
LD4
GHK1
GHK2
FHH1
FHH2
SY
DLG
DF
QG
XYG
LSG
YTJ
STG
CM1
CM2
CM3
采样点

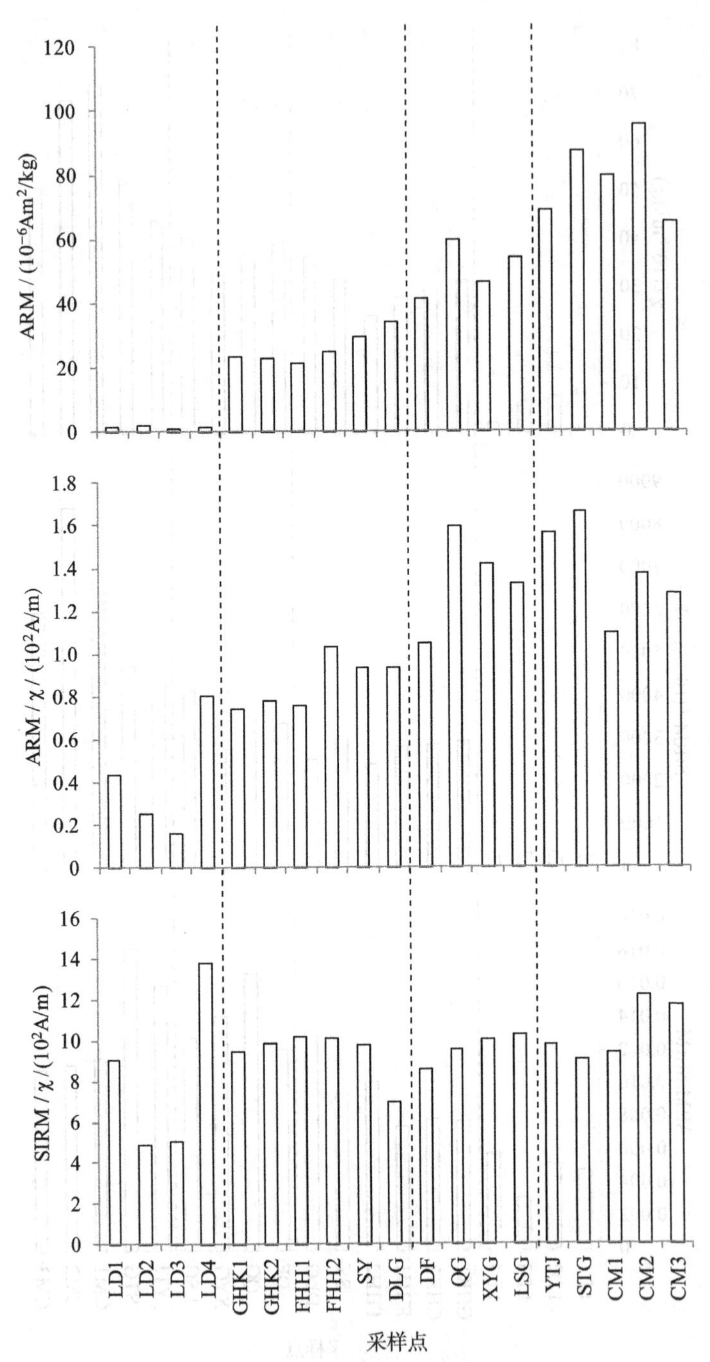

图 3-1　江苏沿海潮滩沉积物磁学空间分布

为 $6505.57 \times 10^{-6}Am^2/kg$。而位于 DF 至 LSG 的沉积物 χ 值介于大丰港和吕四港之间。结果表明大丰以北的沉积物主要受黄河控制，如东以南的沉积物主要受长江控制，介于大丰与如东之间的沉积物受两者的影响。

同时，χ 与 SIRM 之间高度线性相关（图 3–2），表明顺磁性和超顺磁性矿物对样品磁性贡献不大，亚铁磁性矿物才是潮滩沉积物样品的主要磁贡献者。同时这种线性关系表明磁性矿物的粒径变化不大，因而磁性的变化主要反映了磁性矿物的含量变化。ARM 对样品中的亚铁磁性矿物的浓度和颗粒都非常敏感，尤其是对单畴磁性矿物更为敏感。本研究中，潮滩沉积物的 ARM 与 χ 表现出明显的线性相关，推测出现这种情况的原因系样品 ARM 受磁性矿物含量的影响掩盖了其所受粒度差异的影响。

江苏沿海潮滩沉积物粒度自然频率分布曲线显示，东西连岛潮滩沉积物主要以砂为主，分选性较好。介于 GHK1 至 DLG 的沉积物主要以砂为主，粗粉砂含量明显升高。DF 至 LSG 的潮滩沉积物主要以粗粉砂为主，含有少量的细粉砂。YTJ 至 CM3 的潮滩沉积物主要以细粉砂为主导。显示出从北到南明显的变细趋势。

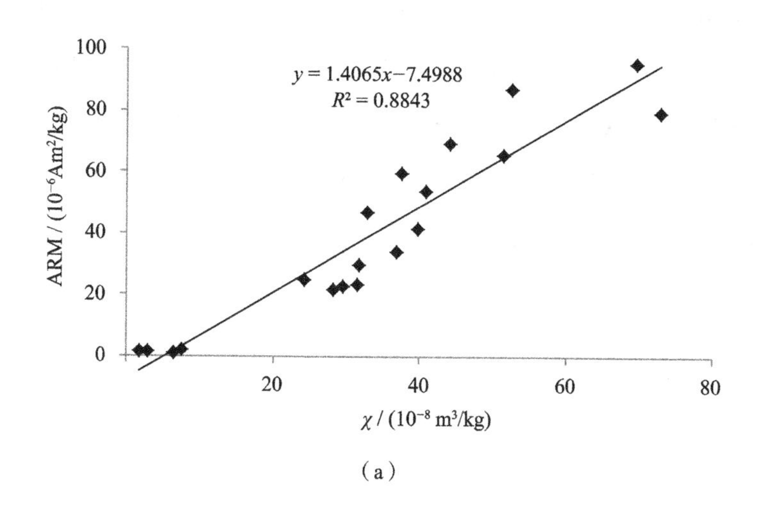

（a）

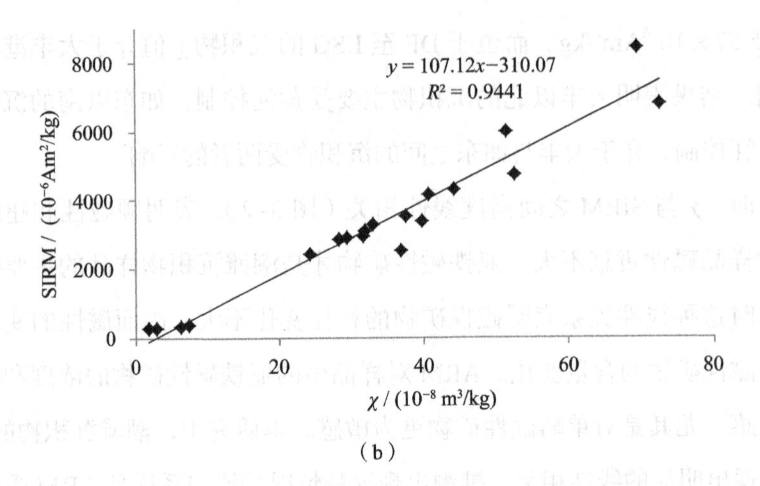

（b）

图 3–2　江苏沿海潮滩沉积物 χ 与 ARM 和 SIRM 的关系

根据上面的结果，结合前人的研究成果，笔者将江苏沿海潮滩沉积物分为 4 个区域，并在不同区域分别选取典型样品进行岩石磁学分析。

3.3　典型样品的 κ–T 和 SIRM 热退磁曲线

根据不同磁性矿物居里点的不同及对温度的不同依赖关系，利用磁化率温度曲线可以确定载磁矿物的类型。选取 4 个样品的 κ–T 曲线均在 580℃和 670℃发生转折，580℃指示了磁铁矿的居里温度，而 670℃指示了赤铁矿的尼尔温度，暗示沉积物中磁铁矿和赤铁矿的存在。SIRM 热退磁曲线也证实了样品中磁铁矿和磁赤铁矿的存在（图 3–3）。

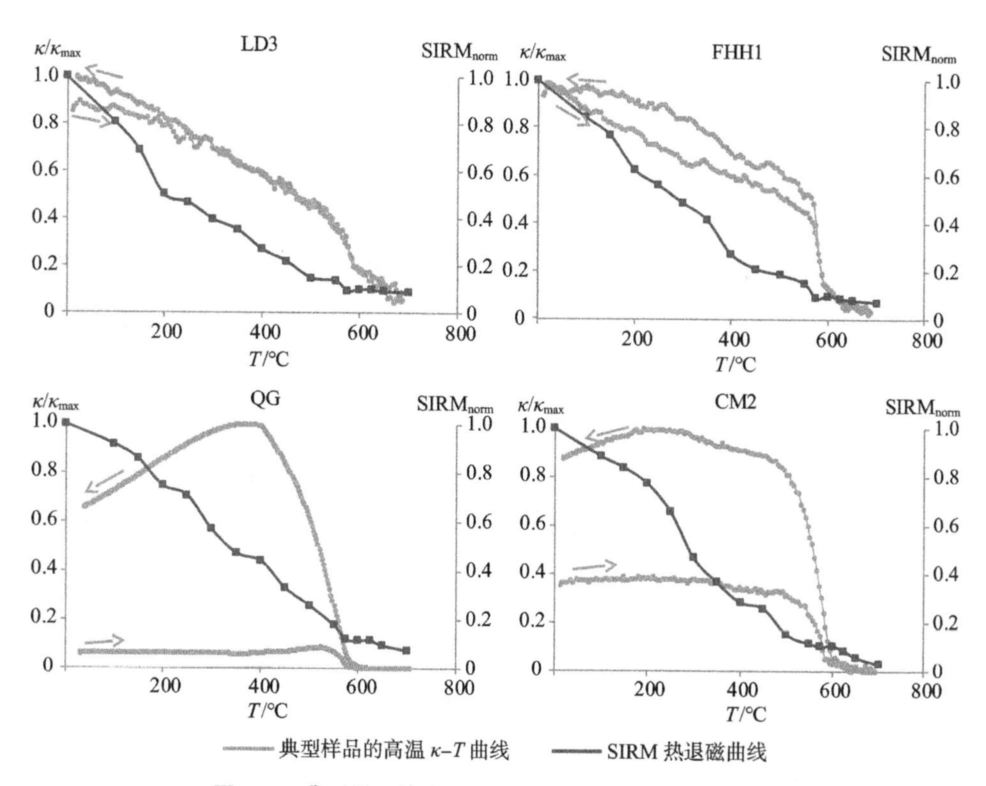

图 3–3　典型样品的高温 κ–T 曲线和 SIRM 热退磁曲线

3.4　磁滞回线、IRM 获得曲线和退磁曲线

样品的磁滞回线可获取丰富的磁性信息，用于指示样品中磁性矿物种类、矫顽力大小、SIRM、Ms 和磁畴范围。如图 3–4 所示，所有样品的磁滞回线有相似的趋势，均在 300mT 形成闭合曲线，显示样品中低矫顽力的磁性矿物占主导。在磁滞回线闭合以后，随着外加磁场的加强，磁化强度呈现轻微增加，说明样品在 300mT 的磁场下没有达到饱和，暗示着少量硬磁性矿物或顺磁性矿物的存在。

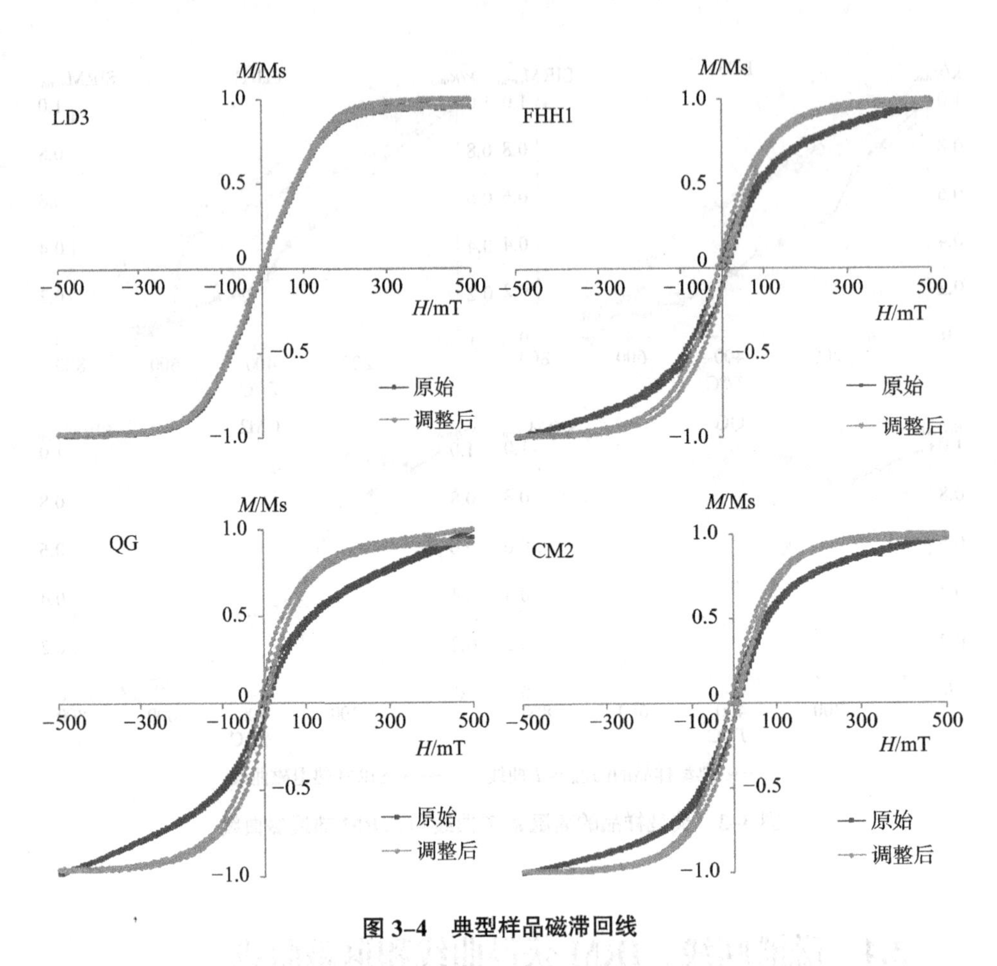

图 3–4 典型样品磁滞回线

IRM 获得曲线和退磁曲线可用于区别低矫顽力的软磁性矿物和高矫顽力的硬磁性矿物，并在此基础上进行磁性矿物种类的区别。所有样品在 300mT 时 IRM 达到 SIRM 的 90% 左右，显示这些样品中磁性矿物以软磁性矿物为主导。从退磁曲线可以看出，所有样品的 Hcr 场小于 50mT，证实了这些样品中以软磁性矿物为主导（图 3–5）。

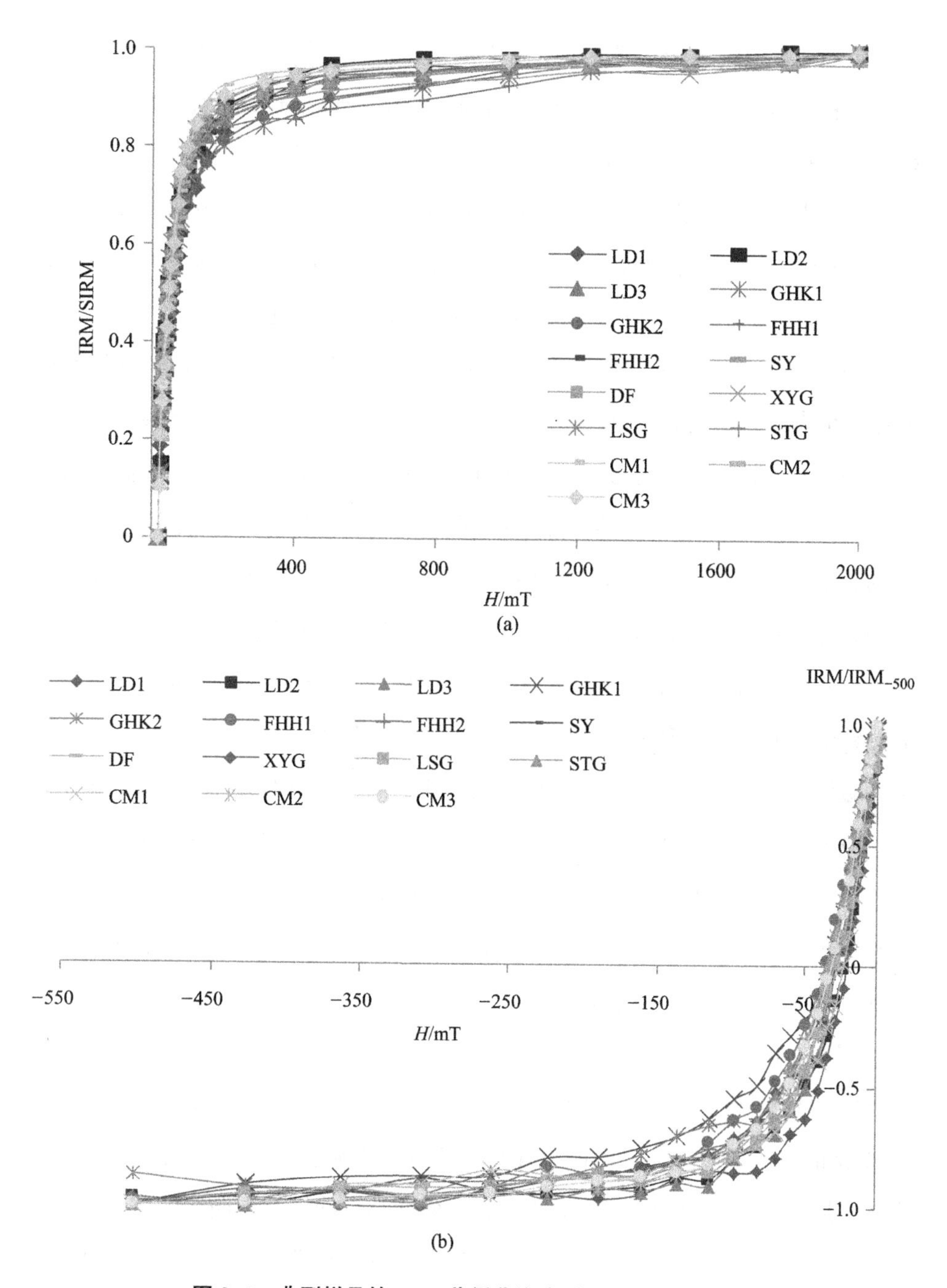

图 3–5　典型样品的 IRM 获得曲线（a）和退磁曲线（b）

岩石磁学、环境磁学研究方法由于快速、灵敏、简单、经济等特征，在古环境、古气候研究中受到广大学者的青睐（Thompson，Oldfield，1986；Evans et al.，1997；Last et al.，2001；Tauxe，1998）。对 IRM 的测定和分析是磁学研究中极其重要的组成部分。目前关于 IRM 特征分析主要基于以下两个方面：一是通过 CLG 模型分离 IRM 获得曲线中不同矫顽力组分，并得到各组分的相对含量；二是分析不同外场下获得的 IRM 及它们之间的比值。

一些学者通过实例分析，证明了 CLG 模型在识别磁组分和各组分相对贡献中是可靠的，虽然曲线拟合增大了测量误差的影响，但对分析结果的影响比较有限（Kruiver et al.，2001；Heslop et al.，2002；Heslop，2007）。通过 CLG 模型，王喜生（2003）将泥河湾样品区分为软磁性的磁铁矿 / 磁赤铁矿和硬磁性的赤铁矿两种组分。赫斯洛普（Heslop，2002）从 ODP609 孔样品中分离出矫顽力为 27mT 和 56mT 两种组分，并认为后者可能由细菌磁体引起。奎贝尔等（Kruiver et al.，2001）在 ABC26 孔研究中指出，样品中主要包含风成成因的磁铁矿和赤铁矿，但氧化层中还含有另外一种矫顽力较大的磁铁矿，可能为细菌磁体形成。在西瓦里克古土壤的研究中，阿布拉耶维奇等（Abrajevitch et al.，2009）使用 CLG 模型计算了针铁矿（Goethite）和赤铁矿（Hematite）的相对含量，并指出 G/H 与碳酸盐 $\delta^{18}O$ 具有很好的相关性，可以有效地指示成土过程中的有效湿度。为此，笔者分别应用 CLG 模型来分析不同组分的 IRM 特征，在 IRM 中得到海洋沉积物应用中可行的参数，并指明其环境学意义。

理论上讲，单一磁性矿物的 IRM 获得曲线服从 CLG 模型。通常我们测量得到的 IRM 获得曲线，可以认为是由若干组分的获得曲线叠加而成。因此，通过分析 IRM 获得曲线，可以区分样品中所含磁性矿物的种类和相对含量。在实际应用中，CLG 模型主要由以下三种图解表达：线性获得曲线图解（LAP）、梯度获得曲线图解（GAP）和标准化后的概率获得曲线图解（SAP）（Eyre，1996；Stockhausen，1998；Kruiver et al.，2001a；Heslop et al.，2002）。通过统计学分析，可以有效地分离出各组分的 SIRM、达到 SIRM 一半时的直流场强度（$B_{1/2}$）和矫顽力的离散程度（DP），进而计算出各组分的相对含量。一些学者通过实例分析，证明了 CLG 模型在识别磁组分和各组分相对贡献中是可靠的，虽然曲线拟合增大了测量误差的影响，但对分析结果的影响比较有限（Kruiver et al.，2001；Heslop et al.，2002；Heslop，Dillon，2007）。

笔者进一步利用奎贝尔等（Kruiver et al.，2001）提出的高斯累计模型来定量地对 IRM 获得曲线进行分解，其结果如图 3–6 所示。根据分析可得，4 个典型样品的 IRM 获得曲线都可以分为两个组分，第一个组分 $B_{1/2}$ 在 35.5~44.7mT，属于低矫顽力软磁性矿物组分；第二个组分 $B_{1/2}$ 在 275.4~596.5mT，属于低矫顽力软磁性矿物组分。所有样品中的第一个组分对 SIRM 的贡献为 85%~92%，第二个组分对 SIRM 的贡献为 8%~15%，由此可见，江苏海岸潮滩沉积物磁性矿物以低矫顽力的软铁矿磁性矿物为主，这与 IRM/SIRM 的结果一致。

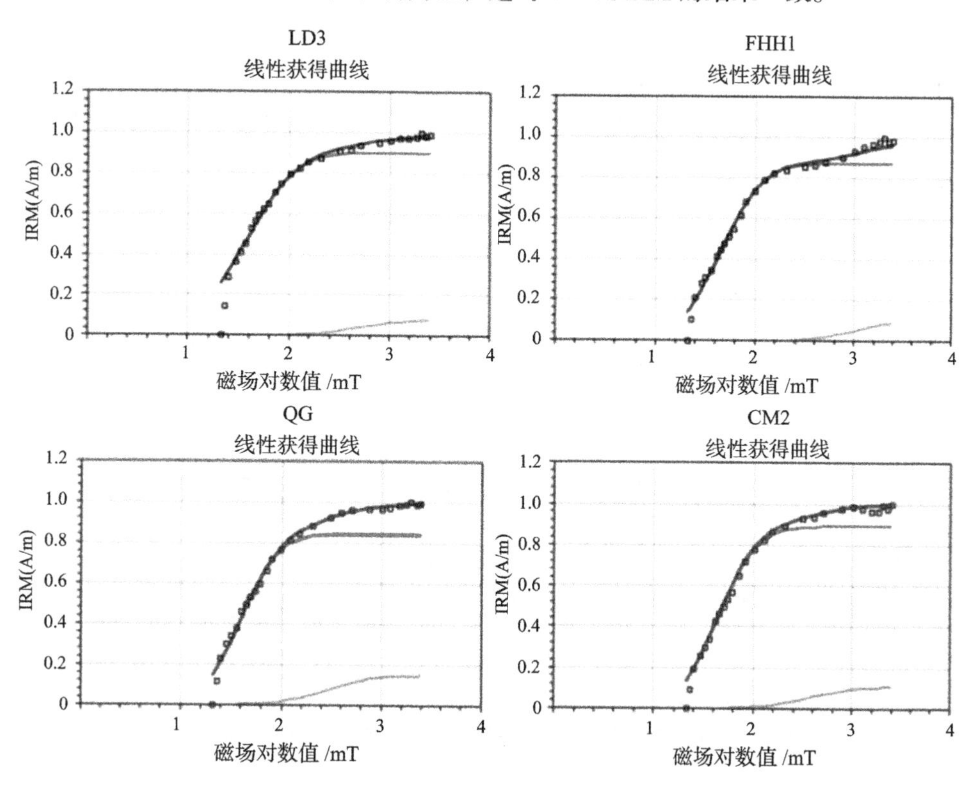

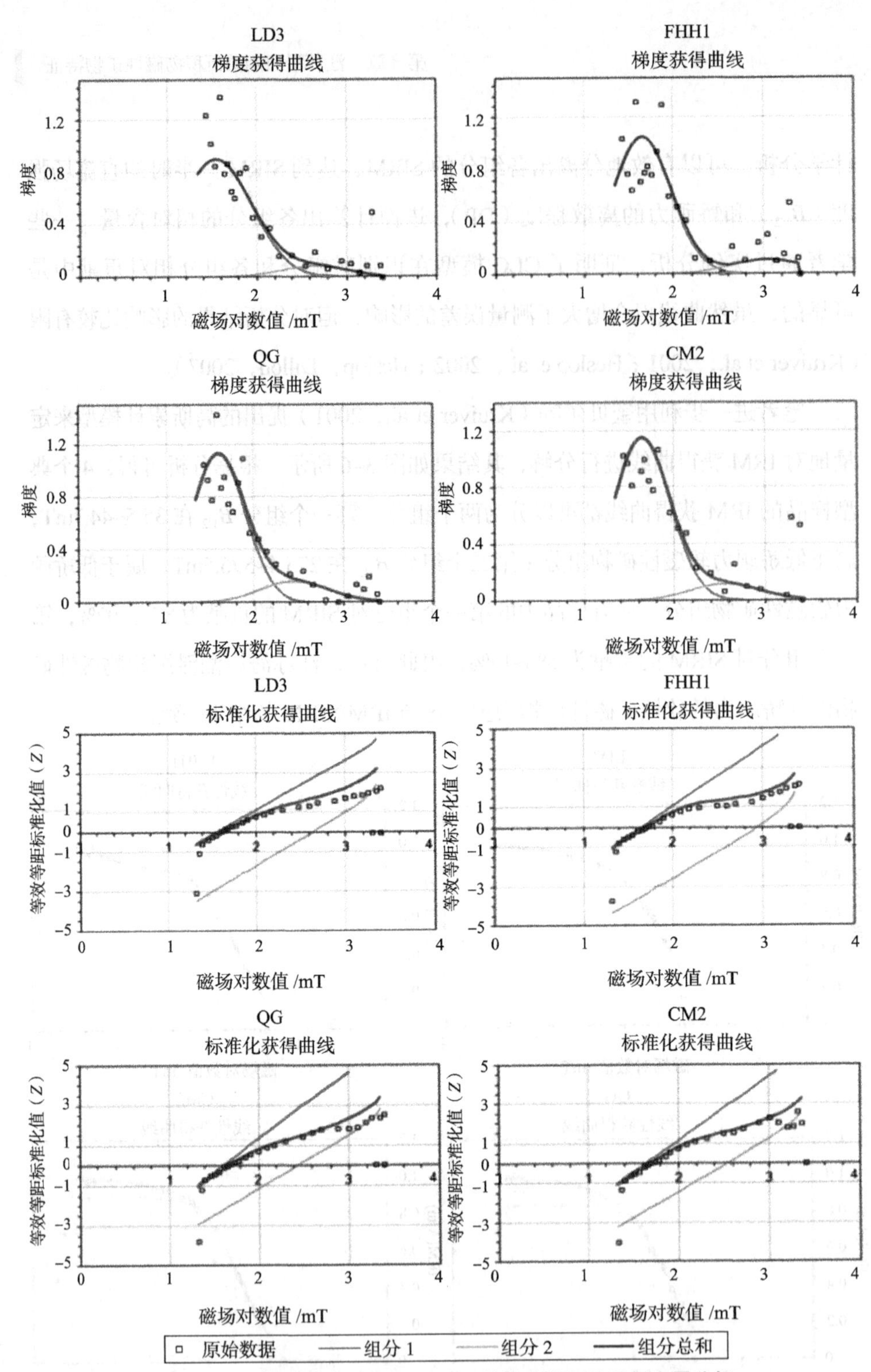

图 3-6　利用高斯累计模型对 IRM 获得曲线组分进行定量分解

3.5 讨论

3.5.1 粒度与磁性参数分析

沉积物粒度能够很好地指示沉积环境和来源的空间差异。前人研究已经表明磁性参数与特定粒度参数之间有较强的相关性（Oldfield，Yu，1994；Zhang et al.，2012；Oldfield et al.，2009）。例如，成壤作用形成的细颗粒的磁性铁矿通常富集在黏土组分中，而粗颗粒的原生磁性矿物主要富集在粗粉砂和砂组分中（Maher et al.，2009；Oldfield et al.，2009）。在沉积物搬运过程中，沉积物的分选也影响到了磁性矿物和沉积物粒度的组合（Gallaway et al.，2012）。在江苏沿海潮滩沉积物中，揭示磁性矿物含量的磁性参数（χ、ARM、SIRM）与粒径为2~16μm的细粉砂表现出很好的相关性，表明磁铁矿主要富集在细粉砂组分中（表3-1）。

表3-1 江苏沿海潮滩沉积物磁学参数与不同粒径的相关系数

磁学参数	黏粒（0~2μm）	细粉砂（2~16μm）	粗粉砂（16~63μm）	砂（>63μm）
χ /（$10^{-8}m^3/kg$）	0.539	0.819	0.491	−0.754
ARM /（$10^{-6}Am^2/kg$）	0.620	0.817	0.591	−0.710
SIRM /（$10^{-6}Am^2/kg$）	0.510	0.760	0.466	−0.710

3.5.2 物源及风化作用对磁性矿物的影响

东西连岛潮滩沉积物主要来源于近岸岩石风化作用，其中含有大量的石英等抗磁性矿物。长江沉积物主要来源于宜昌以北，汉江、鄱阳湖水系及太湖水系也有部分泥沙注入，但总量较少。长江流域面积广，构造复杂，基岩类型复杂，广泛分布有中酸性侵入岩及变质岩等。这种地质背景导致长江沉积物的来源众多，很难把长江沉积物组成与其他或几种基岩相对应（范德江 等，2001；杨守业 等，1999；屈翠辉 等，1984）。长江沉积物中的矿物组成继承了流域内的物质组成，其中的重矿物特征组合为角闪石－绿帘石－金属矿物，金属矿物的含量大于21%（王腊春 等，1997）。黄河泥沙组成来自中游的黄土高原，一般认为可占90%左右（任美锷，史运良，1986；叶青超，1994）。黄河沉积物中重矿物以角闪石－黑云母－绿帘石－金属矿物为主要特征组合，但金属矿物的含量比长江中少，仅为2%。

由此看出，长江河口沉积物继承了长江携带泥沙的物质组成，含有大量的金属矿物，特别是中酸性岩浆岩中的磁铁矿等金属重矿物。而黄河则继承了黄土的物质组成，其沉积物中金属重矿物含量远低于长江沉积物中的含量。东西连岛主要是抗磁性的石英等，由此可见，物质来源不同是造成江苏沿海潮滩沉积物磁性差异的重要因素。

沉积物的矿物组合和化学成分与物源区气候条件具有直接的关系（杨作升，1988）。长江流域绝大部分地区为暖温带湿润、潮湿气候（熊怡，张家桢，1995），流域内物理侵蚀与化学侵蚀之比为2.59（陈静生，1984），风化指数在6左右（张经，1996），长江流域内化学风化作用占主导。导致在表生带中较易迁移的Na、K、Ca、Mg等常量元素转移到水体之中而使这些元素在长江沉积物中的含量较低；而在表生带中惰性难迁移的Fe、Mn、Ti、Al等元素残留在沉积物之中，发生富集，导致它们在长江沉积物中的含量较高。黄河中、上游地处西北半干旱地区，属大陆性季风气候，下游位于暖温带半湿润季风气候区（熊怡，张家桢，1995），流域内物理侵蚀与化学侵蚀之比为75左右（陈静生 等，1984），风化指数在4.5左右（张经，1996），流域内以物理风化作用为主，使得易迁移元素流失、难迁移元素富集较弱，导致黄河沉积物中Na、K、Ca、Mg等元素含量高于长江沉积物，Fe、Mn、Ti、Al等含量低于长江沉积物。从上述可以看出，长江沉积物中金属元素更富集，并含有较多磁铁矿等金属副矿物；黄河沉积物中，大量易流失元素的进入稀释了金属元素的含量，另外由于氧化作用的进行，大量磁性较强的亚铁磁性矿物转化为反铁磁性矿物，并向细粒级中转移。这些也使长江河口沉积物的磁性强度要强于黄河河口沉积物。

3.6　小结

（1）东西连岛中指示磁性矿物含量的磁性参数（χ、ARM 和 SIRM）最低，表明磁性矿物含量较低。除此之外，χ、ARM 和 SIRM 的值从北到南显示出明显的升高趋势。χ 和 ARM、SIRM 两者相关性较好，表明顺磁性和超顺磁性矿物对样品磁性贡献都不大，亚铁磁性矿物才是数据样品的主要磁贡献者。同时，这种线性关系表明磁性矿物的粒径变化不大，因而磁性的变化主要反映了磁性矿物的含量变化。

（2）磁性矿物和粒度参数变化的结果表明：东西连岛主要来源于近岸岩石风化。大丰以北潮滩沉积物主要来源于黄河沉积物，如东以南潮滩沉积物主要来源于长江，两者之间受两条大河的共同影响。岩石磁学表明，江苏沿海潮滩沉积物的磁性矿物主要以磁铁矿为主导，含有少量的赤铁矿。

（3）粒度与磁性参数相关性分析表明：磁铁矿主要富集在细粉砂中，物源及风化作用的差异是造成江苏沿海潮滩沉积物磁性差异的主要因素。

第 4 章　南黄海辐射沙脊群 Y2 孔沉积物磁性特征及其环境意义

4.1　Y2 孔岩芯和年代分析

4.1.1　钻孔岩芯编录与样品采集

2012 年 4 月 14 日，研究者及其团队在辐射沙脊群北翼——东沙滩面实施 Y2 孔的钻孔岩芯工作。东沙是面积最大的沙脊，并且是在北部外缘受冲蚀的基础上，内侧不断在增高的沙脊。Y2 孔进尺为 60m，实际获得岩芯 42.5m，取芯率为 70.8%。

2013 年年底，研究者及其团队在实验室进行钻孔描述、编录和沉积相初步判别。首先对沉积物的颜色按照美国地址调查局岩层色谱进行标定，然后对沉积物粗细、构造、接触关系、生物遗迹等进行描述记录，并拍照存档以备分析查验。最后进行沉积相的初步判断，并根据需要采集样品，对其进行粒度、磁学、测年、烧失量、生物化石等鉴定分析。

4.1.2　沉积相和年代分析

通过对 Y2 孔岩性、粒度、磁学进行分析，根据沉积层序特征及沉积框架得出判断：Y2 孔自下而上分为潮滩相（51.5~60m）、河床相（31.5~51.5m）、古土壤层（21.5~31.5m）和潮流沙脊相（0~21.5m），其中在河床相中包含两层古土壤层（表 4–1）。

表 4–1　Y2 孔地层划分及岩性描述

层底埋深 /m	岩性描述
0.67	橄榄灰色粉砂质细砂，均质无层理
2.08	橄榄灰色细砂夹深黄棕色黏土条 6 条（3~35mm），分散微细小贝壳碎片
2.34	橄榄灰色细砂，均质无层理，有云母碎片
3.48	橄榄灰色细砂夹深黄褐色黏土 4 条（1~23mm）
3.95	橄榄灰色细砂与深黄棕色黏土不等厚互层
4.91	橄榄灰色细砂夹深黄棕色黏土条若干（2~4mm）
5.12	橄榄灰色细砂，均质无层理
5.47	橄榄灰色细砂夹深黄棕色黏土条 14 条（1~10mm），现黏土条多
6.10	橄榄灰色细砂，均质无层理
7.79	橄榄灰色粉砂与深黄棕色黏土质粉砂互层
8.22	橄榄灰色粉砂质细砂，均质无互层
10.50	橄榄灰色粉砂夹深黄棕色黏土条、块；黏土条、块杂乱分布
10.80	橄榄灰色粉砂，均质无层理
12.00	橄榄灰色粉砂与深黄棕色黏土不等厚互层；黏土厚 2~5mm
13.55	橄榄灰色粉砂夹深黄棕色黏土块，黏土块杂乱；见贝壳碎片
13.74	深黄棕色、橄榄灰色细砂，均质无层理
14.41	橄榄灰色细砂夹深黄棕色黏土条 6 条（5~50mm），含有少量贝壳碎片
15.67	橄榄灰色粉砂质细砂，偶见细小泥条
15.95	深黄棕色黏土夹橄榄灰色粉砂透镜体
17.09	橄榄灰色粉砂质细砂，偶夹 4 条黏土条（1~5mm）、黏土块（15mm × 30mm）分布
17.55	橄榄灰色粉砂，均质无层理
18.83	橄榄灰色粉砂夹深黄棕色黏土条 5 条（2~11mm）
20.05	橄榄灰色粉砂夹深黄棕色黏土条斑，条斑大小不混杂，偶见细小贝壳碎片
20.41	深黄棕色、橄榄灰色细砂，均质无层理，见细小碎贝壳、完整小螺（位于黏土层中，可能为污染）
21.59	橄榄灰色粉砂夹深黄棕色黏土条，沙多泥少；底部侵蚀
23.56	青灰色黏土夹深黄棕色黏土条斑，黏手，质密
24.54	深黄棕色黏土，质密
24.63	青灰色黏土夹橄榄灰色粉砂透镜体薄层

续表

层底埋深 /m	岩性描述
31.88	深黄棕色黏土、质密，夹橄榄灰色粉砂透镜体薄层
32.74	深黄棕色黏土，质纯
34.92	深黄棕色黏土夹橄榄灰色粉砂薄层，薄层厚 1~2mm
34.99	深黄棕色黏土，质纯
37.80	深黄棕色黏土与浅橄榄灰色粉砂不等厚互层
38.00	橄榄灰色粉砂，均质无层理
38.75	深黄棕色黏土夹浅橄榄灰色粉砂透镜体
39.00	橄榄灰色粉砂夹深黄棕色黏土块若干（5mm × 5mm~35mm × 43mm），黏土块分布杂乱
40.23	深黄棕色黏土块夹浅橄榄灰色粉砂薄层（1~2mm），从 40.1m 处开始粉砂层变厚，二者呈不等厚互层，泥略多
40.30	橄榄灰色粉砂，均质无层理
40.55	橄榄灰色粉砂与深黄棕色黏土不等厚互层 [土（58mm）– 砂（1mm）– 土（20mm）– 砂（13mm）– 土（8mm）– 砂（2mm）– 土（5mm）– 砂（3mm）]，向下砂增多泥减少
41.29	橄榄灰色粉砂夹黄棕色黏土块，分布杂乱
41.95	深黄棕色黏土夹橄榄灰色粉砂薄层
43.06	深灰色、深黄棕色黏土为主，偶夹橄榄灰色粉砂透镜体
43.74	青灰色、深黄棕色黏土
44.62	深黄棕色黏土夹橄榄灰色粉砂薄层
46.34	橄榄灰色、橄榄黑色粉砂，均质无层理，底部分散云母层
48.34	深黄棕色黏土，偶夹橄榄灰色粉砂薄层
49.85	青灰色 – 橄榄灰色 – 青灰色黏土；底部侵蚀
49.95	橄榄灰色、深黄棕色等杂色粉砂，均质无层理
50.85	橄榄灰色粉砂质黏土，含微量云母
51.05	橄榄灰色黏土质粉砂，砂量较上层明显
52.43	深黄棕色黏土夹橄榄灰色粉砂薄层（1~8mm），52.37~52.43m 处分布细小贝壳碎片、植物炭屑；底部侵蚀
53.23	橄榄灰色泛绿色细砂夹深黄棕色黏土块，黏土块分布杂乱
53.26	橄榄灰色粉砂，有细小贝壳碎片
53.38	青灰色、深黄棕色黏土，黏手、细腻；底部侵蚀

续表

层底埋深 /m	岩性描述
53.56	橄榄灰色细砂夹深黄棕色黏土 1 条（10mm），含有大量极细小贝壳碎片，颗粒有逐渐变细趋势
53.62	橄榄灰色粉砂，均质无层理
55.23	橄榄灰色细砂纸粉砂，均质无层理，偶见贝壳碎片；55.22m 处有一块完整的贝壳
60.00	橄榄灰色粉砂，均质无层理；见贝壳碎片及大量螺

Y2 孔地层界线清晰，通过 AMS ^{14}C 测年，获得四个重要的测年数据，分别为（550 ± 30）a B.P.，（24 770 ± 133）a B.P.，（38 559 ± 1285）a B.P. 和（44 345 ± 530）a B.P.。已有学者对南黄海辐射沙脊群地区剖面地层序列进行了初步的研究（李清 等，2013；张响 等，2014；Sun et al.，2015）。该研究区采用 AMS ^{14}C 测年数据结合地层对比分析法来确定 Y2 孔地层年代。根据以上分析，潮流沙脊相形成于 7ka B.P.，古土壤层形成于 25~12ka B.P.，45~25ka B.P. 主要发育河床和潮滩相。Y2 孔由于全新世早期的海侵缺失了全新世早期的沉积序列，这在南黄海辐射沙脊群地区是十分常见的现象。为了更方便地对 Y2 孔进行磁学和沉积学分析，将 Y2 孔按照年代序列自下而上分为河床相（E1）、古土壤层（E2）、潮滩相（E3）、潮流沙脊相（E4），将包含在河床相中的薄古土壤层自下而上命名为 F1 和 F2（图 4–1）。

4.2　Y2 孔沉积物磁性特征

4.2.1　磁性参数随深度变化特征

χ、SIRM 通常用作亚铁磁性矿物含量的粗略量度。ARM 对样品中铁磁性矿物的浓度和颗粒更敏感，尤其是对细颗粒单畴磁性矿物更为敏感。如图 4–1

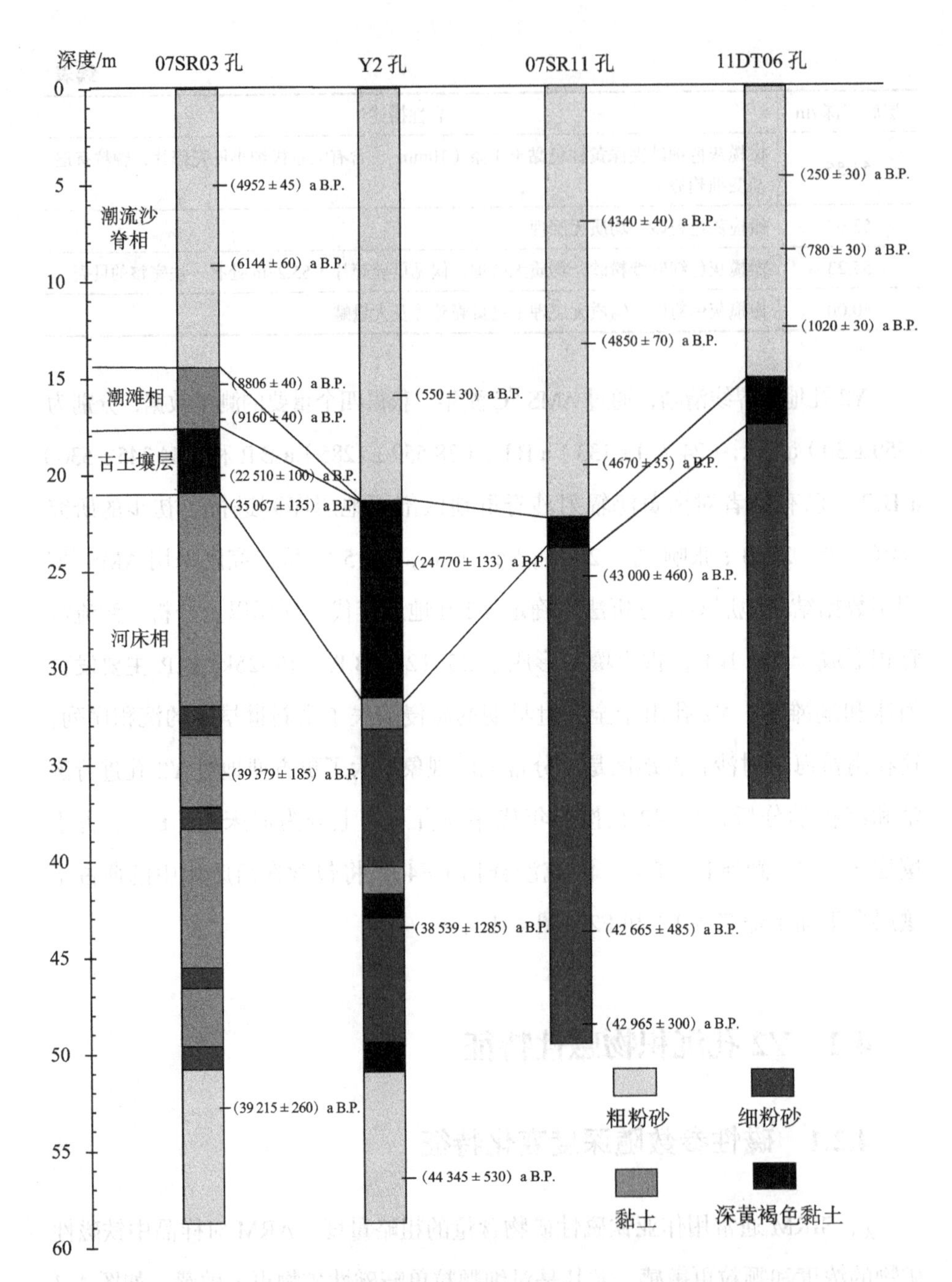

图 4-1　Y2 孔年代分析及与邻近区域其他地层对比

和表 4–2 所示，在潮滩相中，χ 最大值为 $81.8\times10^{-8}m^3/kg$，最小值为 $17.49\times10^{-8}m^3/kg$，SIRM 的最大值为 $12\ 383.83\times10^{-6}Am^2/kg$，最小值为 $1744.51\times10^{-6}Am^2/kg$。在河床相中，$\chi$ 的最大值（$170.3\times10^{-8}m^3/kg$）是最小值（$7.21\times10^{-8}m^3/kg$）的 23.6 倍，SIRM 的最大值（$10\ 146.59\times10^{-6}Am^2/kg$）是最小值（$440.85\times10^{-6}Am^2/kg$）的 23.1 倍，表明在这一时期气候波动剧烈。同时，夹在河床相中的两个古土壤层的 χ 和 SIRM 值都远低于河床相的其他层位，其 χ 和 SIRM 的值与位于 21.5~31.5m 的古土壤层的 χ（平均值 $12.75\times10^{-8}m^3/kg$）和 SIRM（平均值 $1140.75\times10^{-6}Am^2/kg$）的值相当。潮流沙脊相的 χ（平均值 $42.31\times10^{-8}m^3/kg$）和 SIRM 的平均值（$5194.61\times10^{-6}Am^2/kg$）值高于古土壤层，表明了更多顺磁性矿物的存在。图 4–2 中 ARM 随深度的变化曲线与 χ、SIRM 呈现相同的变化趋势，说明顺磁性和超顺磁性矿物对样品磁性贡献不大，亚铁磁性矿物才是样品的主要磁贡献者。

表 4–2　南黄海辐射沙脊群 Y2 孔磁性参数变化

土壤沉积分类	χ /（$10^{-8}m^3/kg$）			ARM /（$10^{-6}Am^2/kg$）			SIRM /（$10^{-6}Am^2/kg$）		
	max	min	mean	max	min	mean	max	min	mean
潮滩相（E1）	81.80	17.49	42.69	91.71	14.79	44.22	12 383.83	1744.51	5057.49
河床相（E2）	170.30	7.21	27.82	49.51	5.19	16.53	10 146.59	440.85	2231.06
古土壤层（F1）	26.09	7.21	11.44	23.32	5.19	8.87	2684.44	536.64	1016.06
古土壤层（F2）	9.67	7.69	8.70	8.86	6.34	7.48	991.47	515.40	689.67
古土壤层（E3）	33.44	6.17	12.75	19.79	5.64	11.14	3273.07	270.16	1140.75
潮流沙脊相（E4）	93.28	25.51	42.31	67.57	26.06	41.90	9569.04	3020.00	5194.61

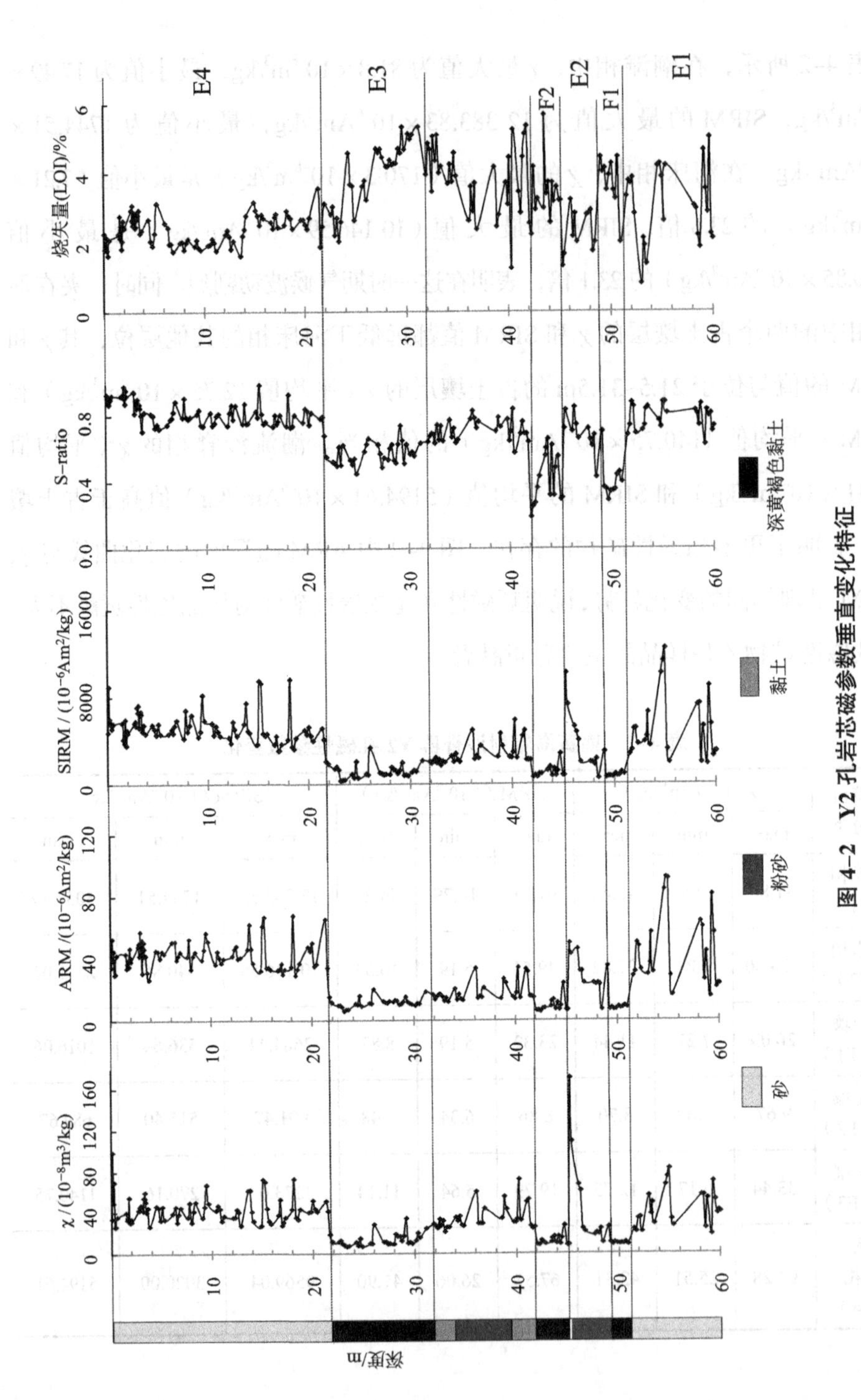

图 4-2 Y2 孔岩芯磁参数垂直变化特征

S-ratio 是指示样品中亚铁磁性矿物和不完整的反铁磁性矿物含量的磁参数，并随着不完整的反铁磁性矿物贡献的增加而下降。在潮滩相中，S-ratio 的最大值和最小值分别为 0.88 和 0.62，平均值为 0.78。河床相中，S-ratio 的最大值和最小值分别为 0.84 和 0.19，包含在其中的古土壤层最大值和最小值分别为 0.41 和 0.19。位于河床相上部的古土壤层 S-ratio 的最大值和最小值分别为 0.74 和 0.45，平均值为 0.57，这表明在古土壤层中反铁磁性矿物的贡献较大。在潮流沙脊相中，S-ratio 的最大值和最小值分别为 0.99 和 0.77，平均值为 0.83，表明亚铁磁矿物占主导。

4.2.2　高温 κ–T 曲线

高温 κ–T 曲线可以分析矿物的居里温度，不同的矿物的居里温度不同，据此可以判别样品中所含磁性矿物的种类；除此之外，κ–T 曲线还同时受磁性矿物的粒度的影响，因此 κ–T 曲线对加热过程中磁性矿物的微弱变化很敏感（Liu et al.，2005）。分别选取潮流沙脊相的 49 号和 73 号样品，古土壤层的 93 号样品和河床相的 128 号、192 号，潮滩相的 212 号样品进行分析。如图 4–3 所示，49 号样品高温曲线在 580℃和 670℃发生转折，580℃指示了磁铁矿的居里温度，670℃则指示了赤铁矿的尼尔温度。73 号、128 号、212 号样品的高温曲线也在 580℃和 670℃发生转折，同样表明了磁铁矿和赤铁矿的存在。93 号样品的高温曲线在 670℃降至基值，暗示了赤铁矿的存在。同时，S-ratio 在这些样品中的值较低，表明硬磁性矿物是这些样品的原始组分。

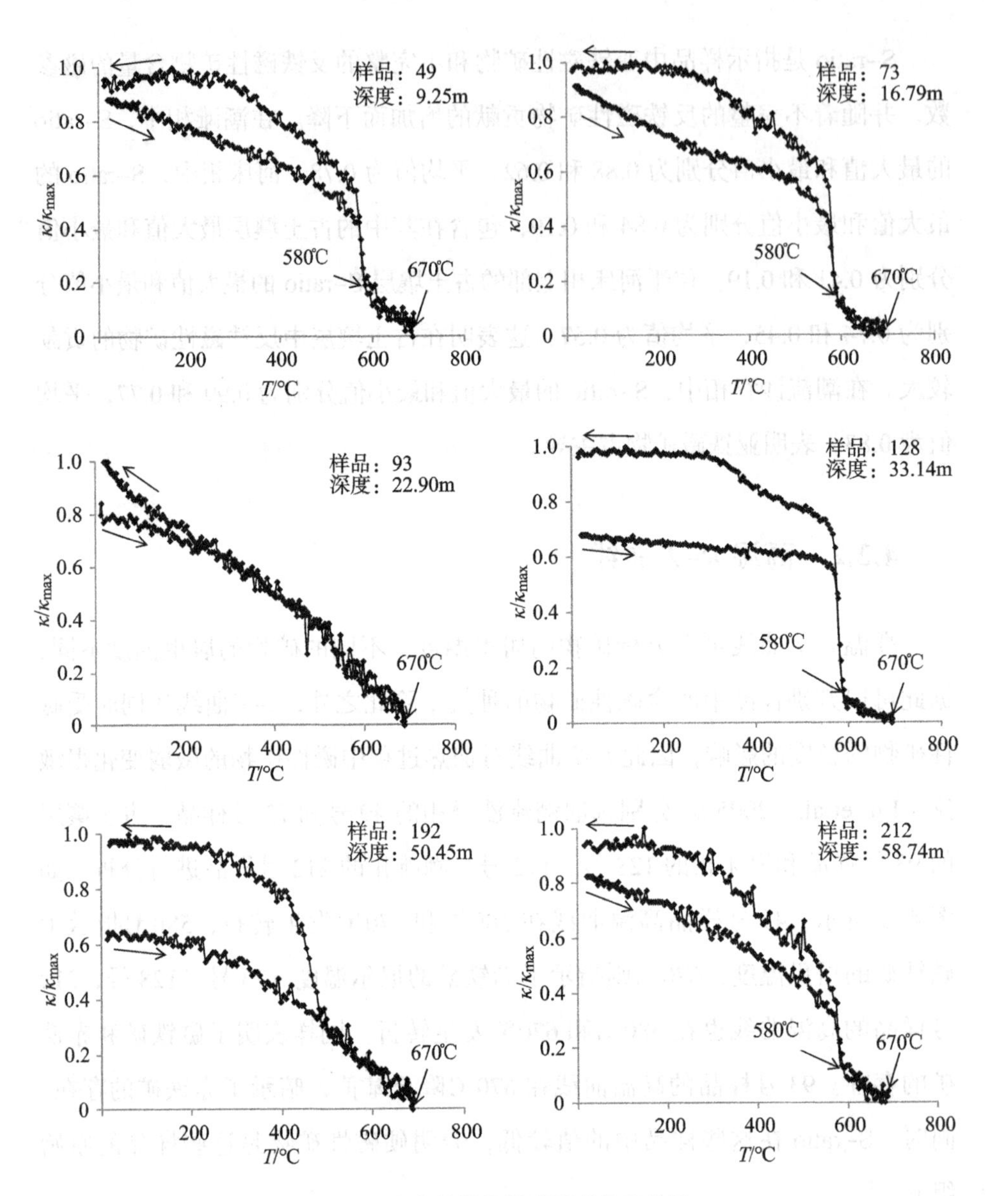

图 4-3　代表性样品的高温磁化率曲线

4.2.3　低温 *κ–T* 曲线

低温磁化率曲线可以用来判别样品中是否含有特定的磁性矿物，如磁铁矿（Verwey et al.，1939）、赤铁矿（Schroeer，Nininger，1967）、磁黄铁矿等。含有 MD 磁铁矿颗粒的样品，其低温磁化率曲线在 −150℃左右时有明显的 Verwey 转变。如图 4–4 所示，49 号、73 号、128 号和 212 号样品均在 −150℃附近出现明显的 Verway 转换，进一步表明样品中的磁性矿物主要是 MD 磁铁矿，支持了高温试验的结果。

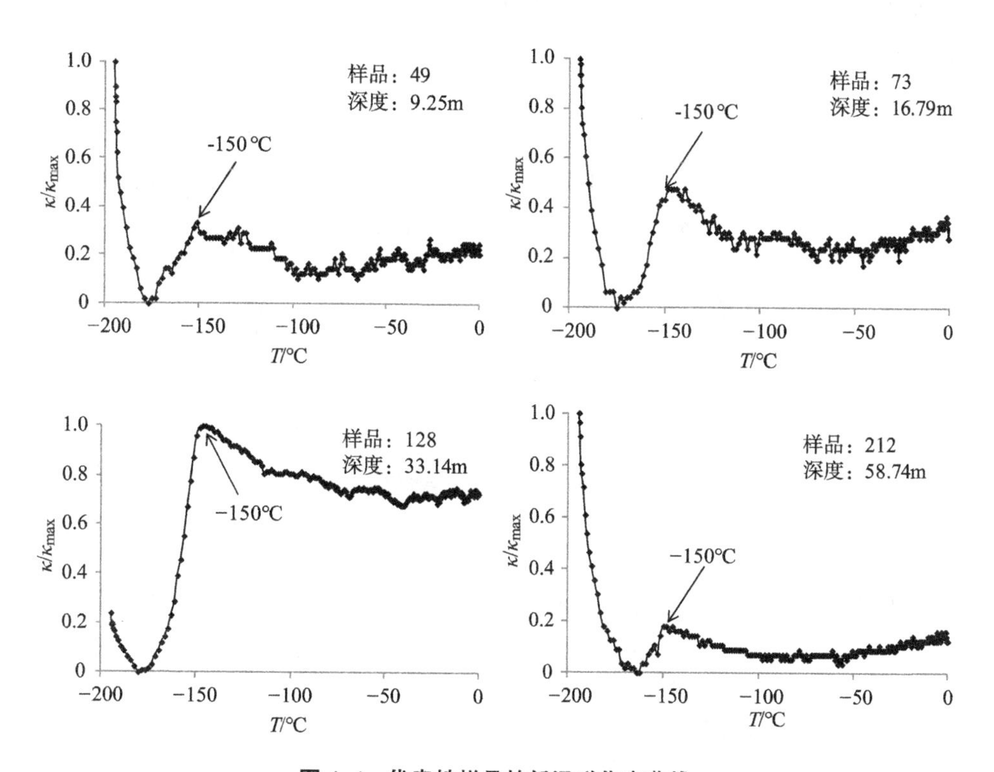

图 4–4　代表性样品的低温磁化率曲线

4.2.4 磁滞回线

从样品的磁滞回线获取的丰富的磁性信息，可用于指示样品中磁性矿物种类、Hc 大小、SIRM、Ms 和磁畴范围。如图 4-5 所示，49 号、73 号、128 号和 212 号样品的磁滞回线有相似的趋势，均在 300mT 形成闭合曲线，显示样品中低矫顽力的磁性矿物占主导。在磁滞回线闭合以后，随着外加磁场的加强，磁化强度呈现轻微增加，说明样品在 300mT 的磁场下没有达到饱和，暗示着少量硬磁性矿物或顺磁性矿物的存在。93 号样品和 192 号样品在 300mT 没有闭合，指示了硬磁性矿物的存在，同时在 300mT 以上呈现线性增加也指示了硬磁性矿物的存在。

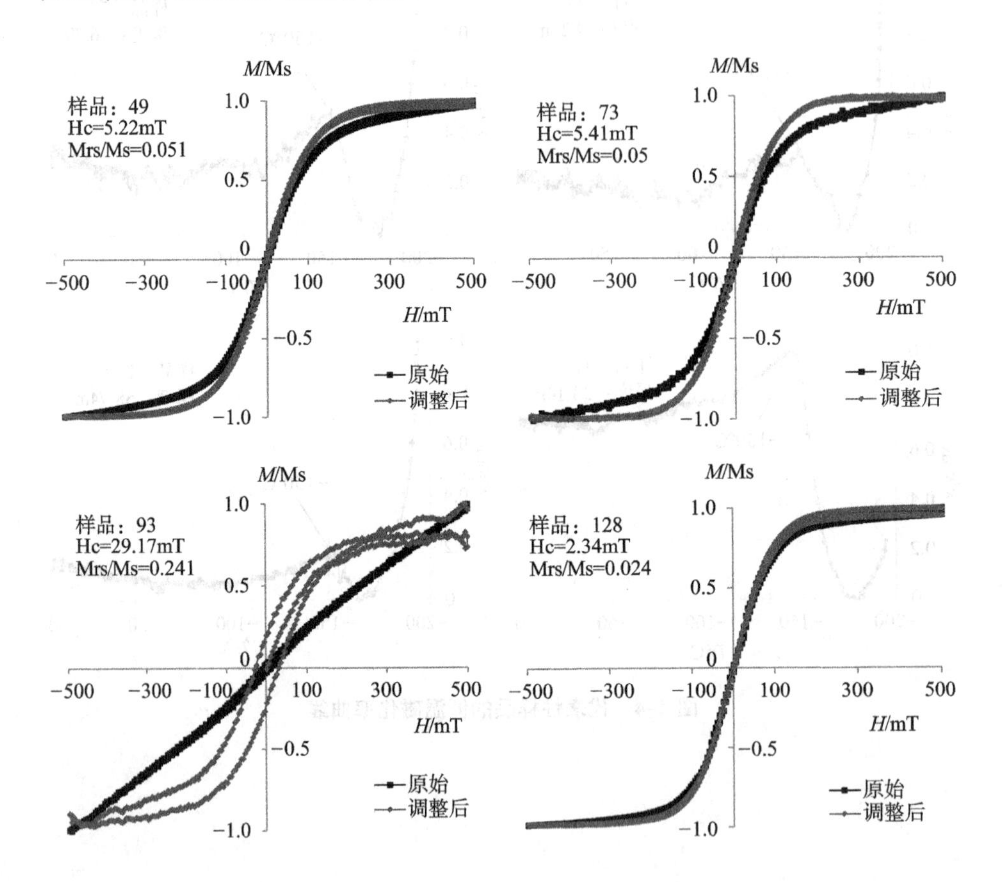

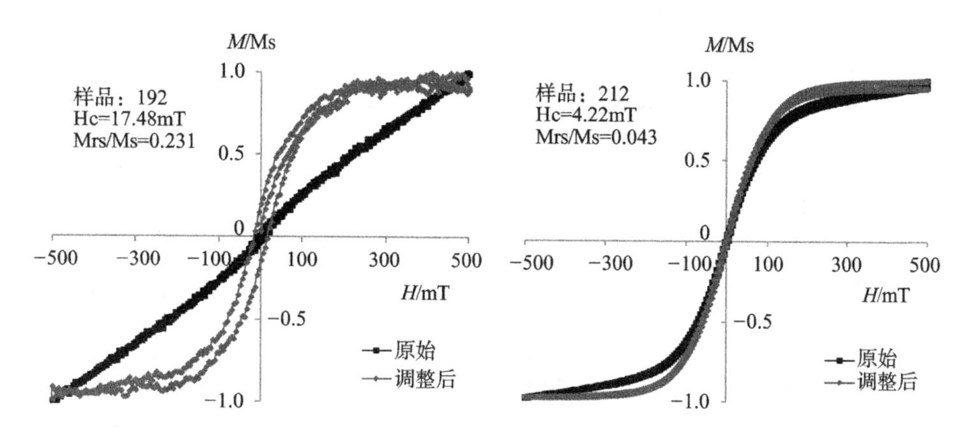

图 4–5　典型样品的磁滞回线

4.2.5　IRM 获得曲线和退磁曲线

一般来说，顺磁性矿物对 IRM 没有贡献，亚铁磁性矿物（如磁铁矿、磁赤铁矿等）在 300mT 的外加磁场下就可以达到饱和，而不完全反铁磁性矿物（如针铁矿、赤铁矿等）在 1T 的外加磁场中尚不能到达饱和，因此利用 IRM 获得曲线可以很容易地分辨出样品中磁性矿物的软硬信息。如图 4–6 所示，49 号、73 号、128 号和 212 号样品在 300mT 时 IRM 达到 SRIM 的 90% 左右，显示这些样品中磁性矿物以软磁性矿物为主导。而 93 号和 192 号样品在 300mT 时 IRM 分别达到 SRIM 的 78% 和 85%，暗示了更多硬磁性矿物的存在。从退磁曲线可以看出，49 号、73 号、128 号和 212 号样品的 Hcr 范围为 20~30mT，证实了这些样品中以软磁性矿物为主导，93 号和 192 号样品的 Hcr 范围为 50~95mT，指示了更多硬磁性矿物的存在。

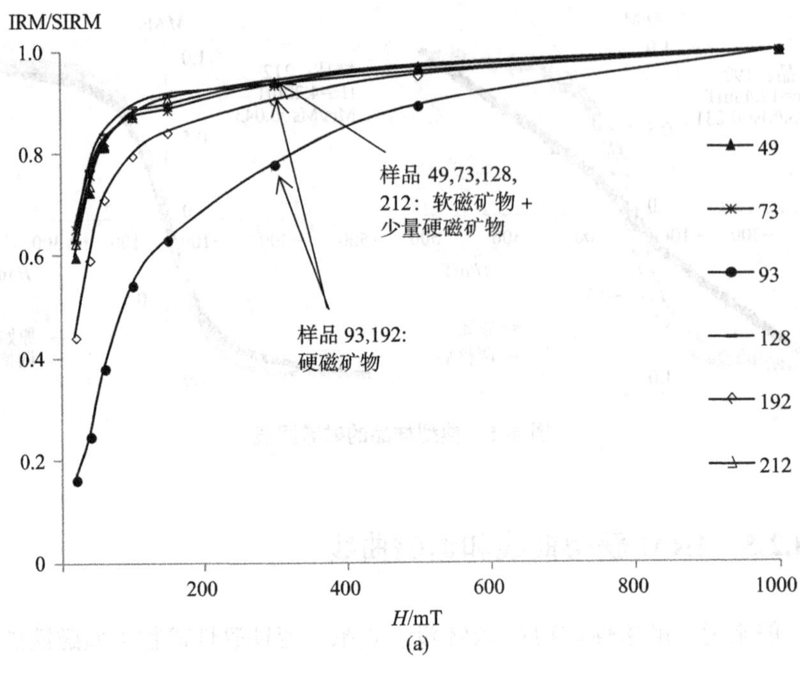

(a)

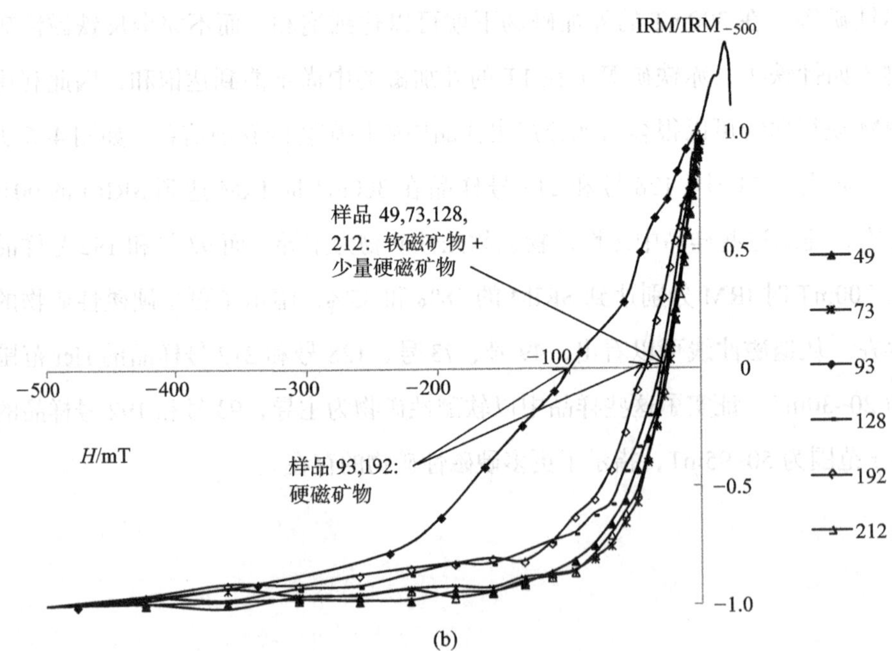

(b)

图 4-6　典型样品的 IRM 获得曲线（a）和退磁曲线（b）

4.2.6　高斯累计（CLG）模型

岩石磁学、环境磁学研究方法由于快速、灵敏、简单、经济等特征，在古环境、古气候研究中受到广大学者的青睐（Thompson，Oldfield，1986；Evans et al.，1997；Last et al.，2001；Tauxe，1998）。对 IRM 的测定和分析是磁学研究中极其重要的组成部分。目前关于 IRM 特征分析主要基于以下两个方面：①通过 CLG 模型分离 IRM 获得曲线中不同矫顽力组分，并得到各组分的相对含量；②分析不同外场下获得的 IRM 及它们之间的比值。

笔者利用高斯累计模型来定量对 IRM 获得曲线进行分解，其结果如图 4–7 和表 4–3 所示。根据分析可得，6 个典型样品的 IRM 获得曲线都可以分为两个组分，其中潮滩相、河床相和潮流沙脊相的第一组分 $B_{1/2}$ 介于 38.0~57.5mT，属于低矫顽力软磁性矿物组分，第二组分的 $B_{1/2}$ 介于 316.2~631.0mT，属于高矫顽力的硬磁性矿物组分。其中，第一、第二组分对 SIRM 的贡献分别为 85%~91% 和 9%~15%，潮流沙脊相中第一组分 $B_{1/2}$ 介于 37.2~47.9mT，属于低矫顽力软磁性矿物组分，第二组分的 $B_{1/2}$ 介于 299.5~446.7mT，属于高矫顽力的硬磁性矿物组分。样品中的第一、第二组分对 SIRM 的贡献分别为 36%~39% 和 61%~66%。由此可见，古土壤层的磁性矿物以硬磁性矿物为主，潮流沙脊相、河床相和潮滩相以软磁性矿物为主，这与图 4–6 中的 IRM/SIRM 的结果一致。

表 4–3　南黄海辐射沙脊群 Y2 孔典型样品高斯累计模型数据

样品	组分	log（$B_{1/2}$）	$B_{1/2}$/mT	贡献 /%	离散程度
Y2–49	1	1.76	57.5	89	0.37
	2	2.50	316.2	11	0.37
Y2–73	1	1.62	41.70	91	0.32
	2	2.50	316.2	9	0.38

续表

样品	组分	log（$B_{1/2}$）	$B_{1/2}$/mT	贡献 /%	离散程度
Y2–93	1	1.57	37.2	39	0.30
	2	2.30	299.5	61	0.65
Y2–128	1	1.60	39.8	85	0.37
	2	2.80	631.0	15	0.35
Y2–192	1	1.68	47.9	36	0.37
	2	2.10	446.7	66	0.71
Y2–212	1	1.58	38.0	90	0.34
	2	2.75	562.3	10	0.37

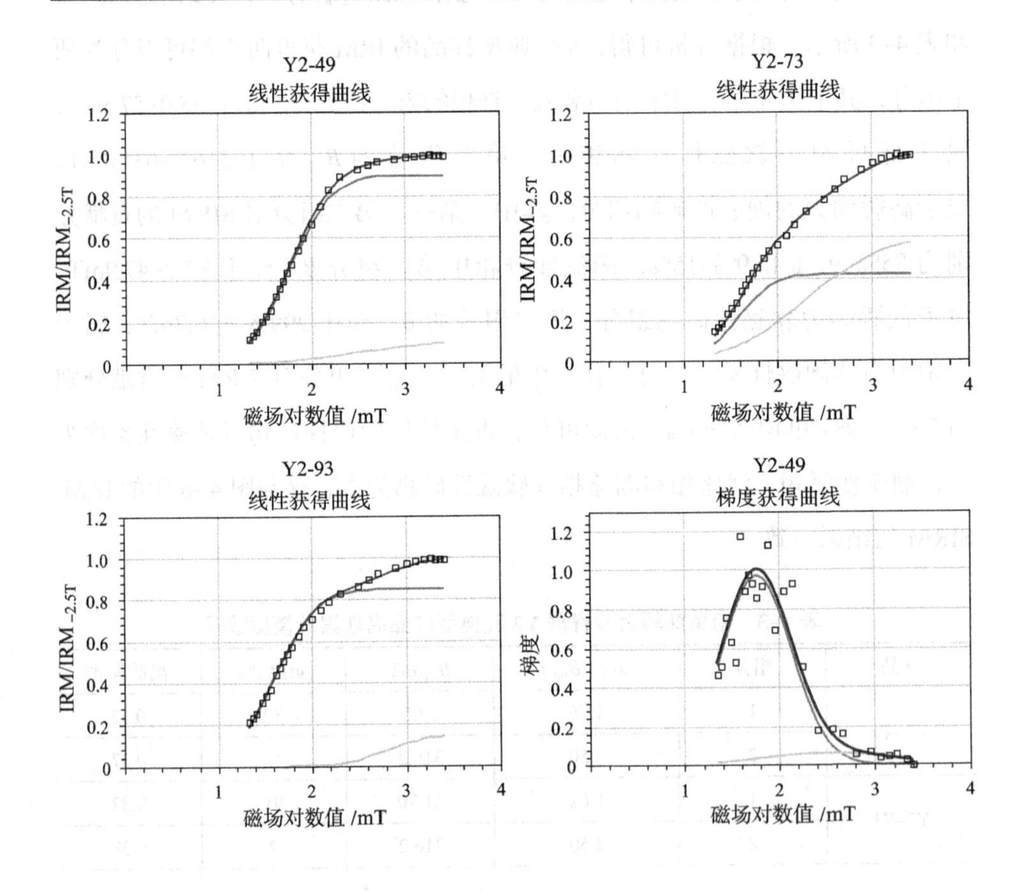

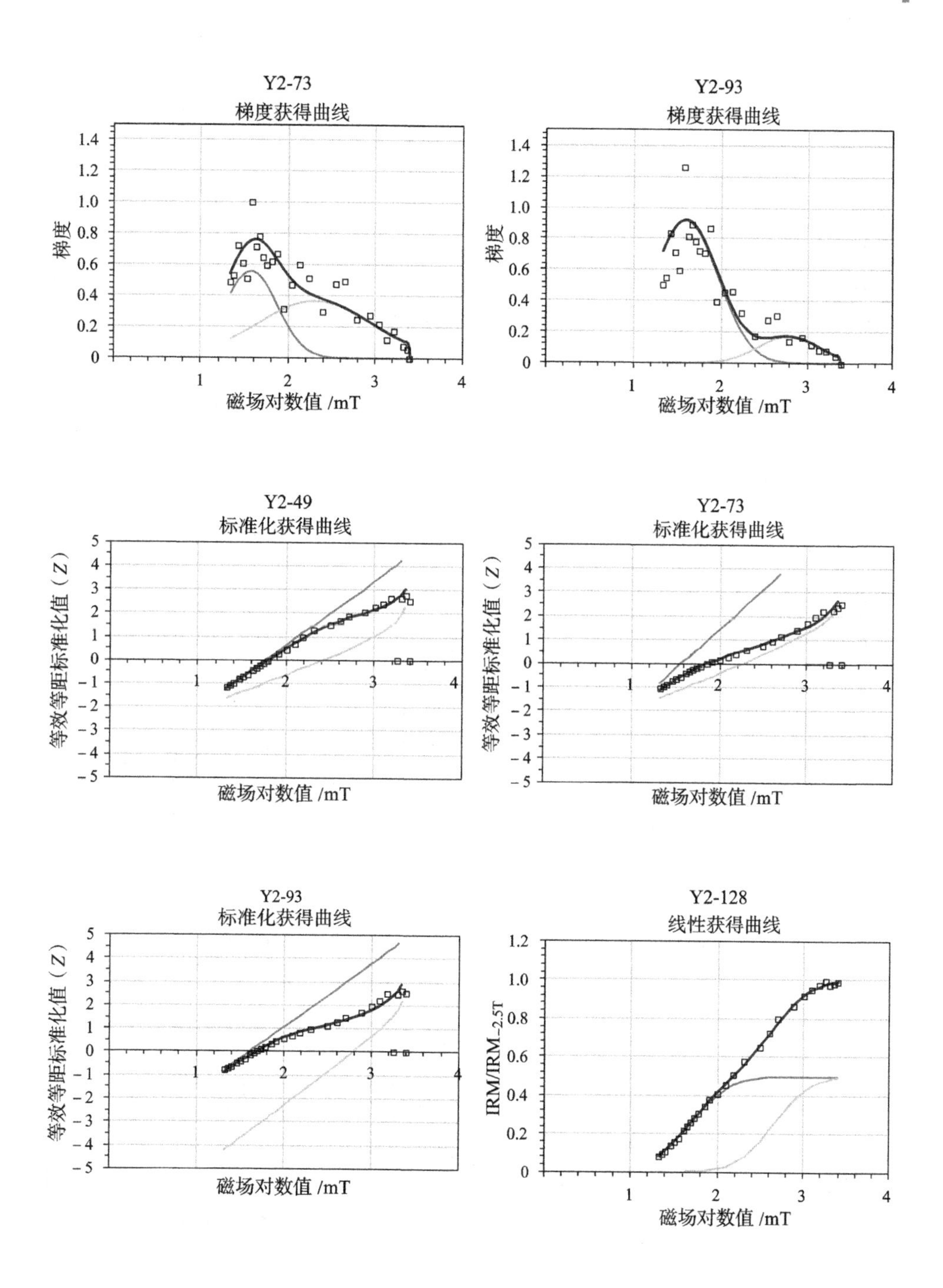
Y2-73
梯度获得曲线
梯度
磁场对数值 /mT
Y2-93
梯度获得曲线
梯度
磁场对数值 /mT
Y2-49
标准化获得曲线
等效等距标准化值（Z）
磁场对数值 /mT
Y2-73
标准化获得曲线
等效等距标准化值（Z）
磁场对数值 /mT
Y2-93
标准化获得曲线
等效等距标准化值（Z）
磁场对数值 /mT
Y2-128
线性获得曲线
IRM/IRM-2.5T
磁场对数值 /mT

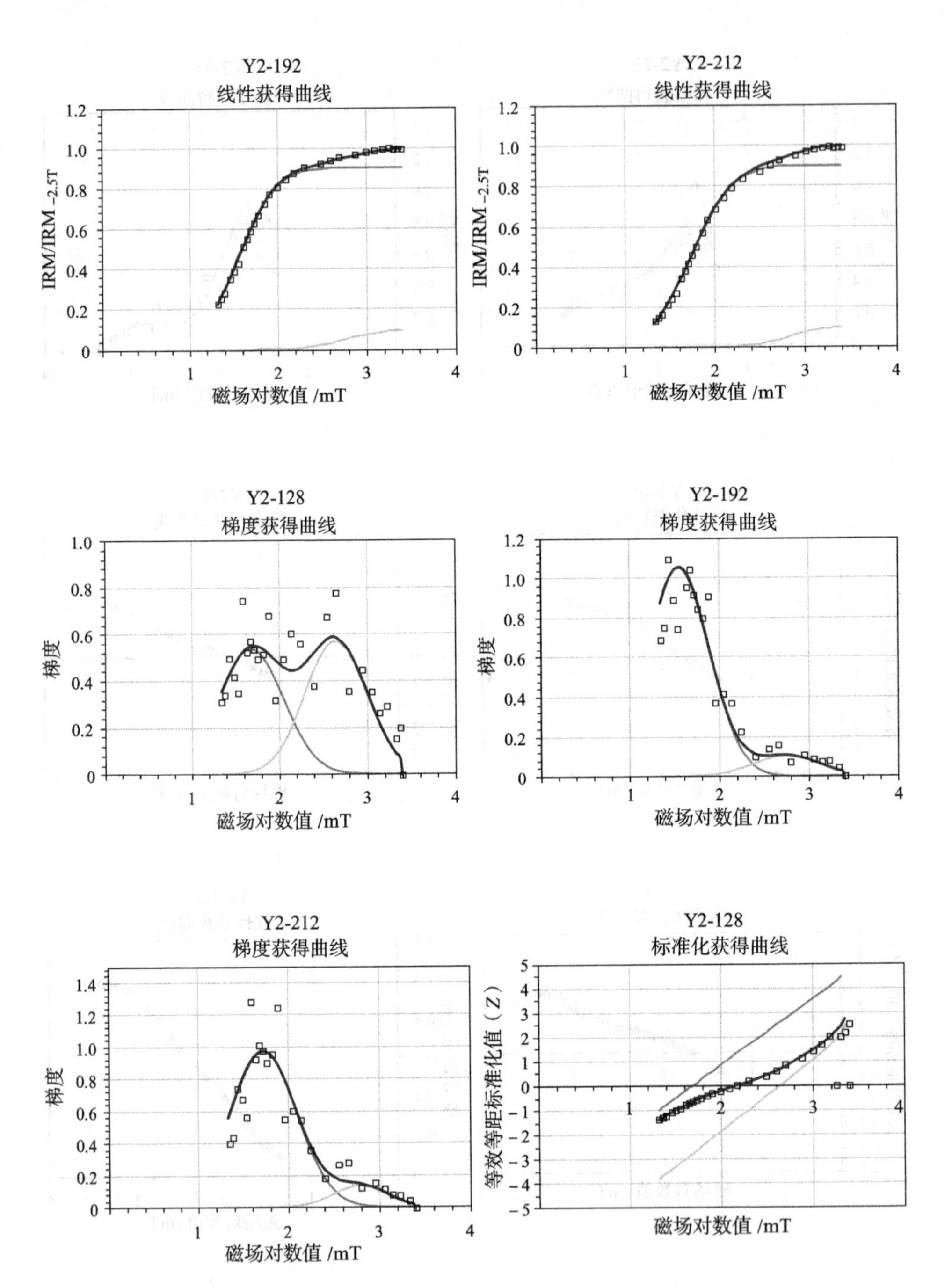
Y2-192
线性获得曲线
IRM/IRM $_{-2.5T}$
磁场对数值 /mT
Y2-212
线性获得曲线
IRM/IRM $_{-2.5T}$
磁场对数值 /mT
Y2-128
梯度获得曲线
梯度
磁场对数值 /mT
Y2-192
梯度获得曲线
梯度
磁场对数值 /mT
Y2-212
梯度获得曲线
梯度
磁场对数值 /mT
Y2-128
标准化获得曲线
等效等距标准化值（Z）
磁场对数值 /mT

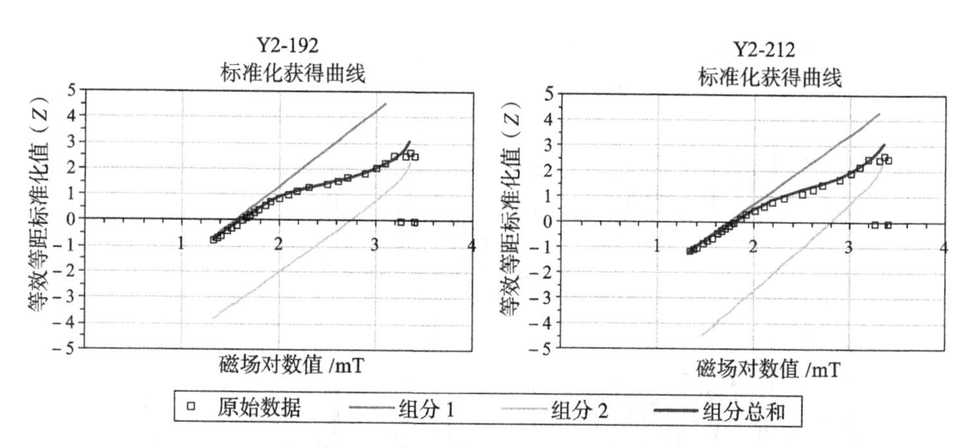

图 4–7　利用高斯累计模型对 IRM 获得曲线组分进行定量分解

4.3　Y2 孔沉积物粒度特征

沉积物粒度是判别沉积物沉积环境的重要指标，与水动力条件密切相关，很好地记录了沉积物的行程环境（Sahu，1964；Folk，Ward，1957），对于判别沉积环境、分布特征、水动力条件等具有重要意义。粒度参数分析法虽然古老，但由于其计算简单、实用性强等，在沉积环境分析中应用广泛。

从图 4–8 中可以看出，潮滩相沉积物主要以粉砂为主。相关数值显示，粗粉砂（粒径 16~63μm）和细粉砂（粒径 2~16μm）含量相当，平均含量分别占 28.76% 和 30.5%，砂（粒径 >63μm）的平均含量为 34.37%，黏土（粒径 <2μm）平均含量为 6.37%，砂的含量明显高于黏土的含量。河床相以粉砂为主，粗粉砂和细粉砂的平均含量分别为 41.12% 和 37.73%。包含在河床相中的古土壤层主要以粉砂为主，砂的含量和黏土含量大致相当。古土壤层主要以粉砂为主，粗粉砂和细粉砂的平均含量分别为 41.49% 和 40.48%。砂的含量与黏土的含量相当，平均含量分别为 9.41% 和 8.62%，其粒度组成与包含在河床相中的古土壤层一致。潮流沙脊相主要以砂为主，平均含量为 63.74%，黏土含量很少，平均含量仅为 3.35%，粗粉砂和细粉砂含量分别为 20.75% 和 12.16%。

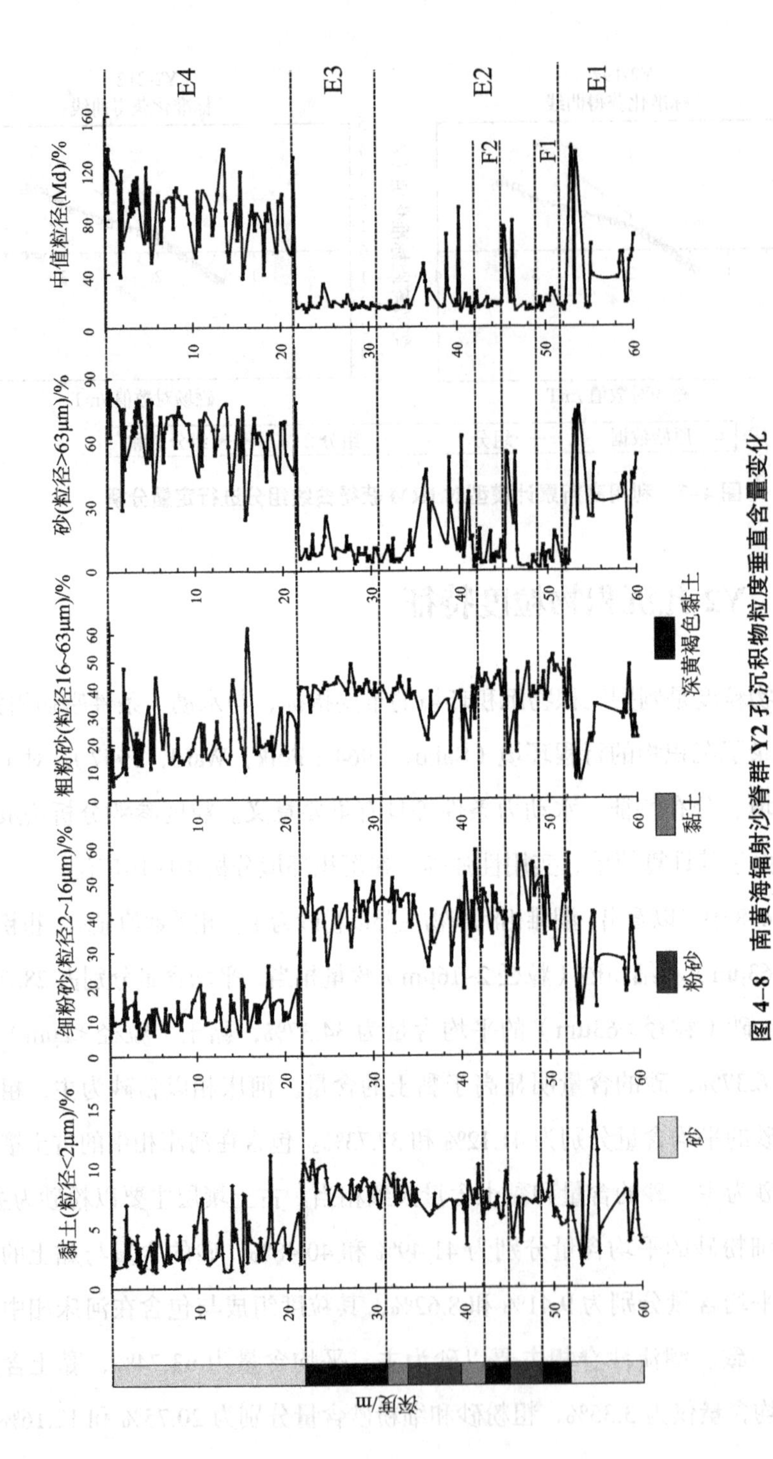

图 4-8　南黄海辐射沙脊群 Y2 孔沉积物粒度垂直含量变化

4.4 讨论

沉积物粒度能够很好地指示沉积环境和来源的空间差异。前人研究已经表明磁性参数与特定粒度参数之间有较强的相关性（Oldfield，Yu，1994；Zhang et al.，2012；Oldfield et al.，2009）。例如，成壤作用形成的细颗粒的磁性铁矿通常富集在黏土组分中，而粗颗粒的原生磁性矿物主要富集在粗粉砂和砂组分中（Maher et al.，2009；Oldfield et al.，2009）。在沉积物搬运过程中，沉积物的分选也影响到了磁性矿物和沉积物粒度的组合（Gallaway et al.，2012）。在 Y2 孔中，揭示磁性矿物含量的磁性参数（χ、ARM、SIRM）与 >63μm 组分显示出很好的相关性，表明磁铁矿主要富集在砂组分中（表 4–4）。

表 4–4　Y2 孔磁学参数与不同粒径的相关系数

磁学参数	<2μm	2~16μm	16~63μm	>63μm
χ /（$10^{-8}m^3/kg$）	–0.299	–0.466	–0.632	0.565
ARM /（$10^{-6}Am^2/kg$）	–0.327	–0.578	–0.629	0.628
SIRM /（$10^{-6}Am^2/kg$）	–0.337	–0.582	–0.682	0.654

两个原因可用于揭示 Y2 孔中古土壤层磁性矿物含量降低：一是磁性矿物输入的减少；二是磁性矿物的后期溶解作用。磁性矿物输入的减少能够引起磁性矿物较低的含量，长江和黄河是南黄海辐射沙脊群沉积物磁性矿物的主要来源，在末次盛冰期以及 MIS3 阶段的干冷时期，研究区域完全暴露，沉积物不能得到足够磁性矿物输入。

沉积物沉积后的磁性矿物的后期溶解作用在海洋（Karlin，Levi，1983；Karlin et al.，1987；Canfield，Berner，1987）和湖泊沉积物（Snowball，1993；Rosenbaum et al.，1996；Williamson et al.，1998；Nowaczyk et al.，2001，2002；Demory et al.，2005；Ortega et al.，2006）中是非常多见的。在还原环

境中，细颗粒的磁铁矿优先溶解，导致磁性矿物粒度升高。正如磁学参数和烧失量数据显示的，Y2孔古土壤处于还原环境中，有机质含量明显高于其他层位，沉积物中的细颗粒磁铁矿优先分解，粗颗粒的赤铁矿保留在沉积物中，这与前人研究揭示的自然磁铁矿更易溶解的结论一致。关于磁性矿物的还原成岩作用机制，将在第6章中进行详细的讨论。

4.5 小结

根据对Y2孔沉积物磁性矿物、粒度以及 ^{14}C 数据分析，主要得到以下结论。

（1）Y2孔主要包含4个主要的沉积相，自下而上分别是：潮滩相（51.5~60m）、河床相（31.5~51.5m）、古土壤（21.5~31.5m）和潮流沙脊相（0~21.5m）。在河床相中包含两个古土壤层。潮滩相和河床相主要发育于45~25ka B.P.，古土壤层发育于25~12ka B.P.，潮流沙脊相主要发育于7ka B.P.。由于海侵作用，Y2孔并未包含早全新世发育的沉积物。

（2）在不同的沉积相中，磁性矿物不同。潮流沙脊相、潮滩相和河床相主要以软磁性矿物（磁铁矿）为主导，含有少量的硬磁性矿物（赤铁矿）。古土壤层和河床相中包含的薄古土壤层主要以硬磁性矿物（赤铁矿）为主导。粒度指标显示：潮流沙脊相主要以砂为主，古土壤层主要以黏土成分为主，潮滩相和河床相主要以粉砂为主。

（3）磁性参数和粒度指标相关性研究显示，磁铁矿主要富集在砂组分中。

第 5 章　南黄海辐射沙脊群 YZ07 孔沉积物磁性特征

5.1　YZ07 孔岩芯和年代分析

5.1.1　钻孔岩芯编录与样品采集

2013 年夏，研究者及其团队在南黄海水域、江苏省启东市东灶港岸外滩 –5~–2m 水深对 YZ07 孔（31.084°N，121.797°E）进行钻取。该钻孔位于南黄海辐射沙脊群的南翼并处于南黄河（江苏废黄河口）与古长江（江苏弶港口）两大河流入海之间的近岸潮滩带。该钻孔进尺 150m，获得 143.44m 长度的岩芯，取芯率达到 95.6%。经过校正，钻孔岩芯长度换算成钻孔深度。YZ07 钻孔岩性描述见表 5–1。

表 5–1　YZ07 孔地层划分及岩性描述

层底埋深 /m	岩性描述
0.51	浅棕灰色泥质细粉砂，含草根碎屑，疑似回填土
0.90	棕灰色 – 浅橄榄绿色粉砂质黏土，见斜交的黑色、长 4cm × 1cm 植物根印模
2.60	灰棕色黏土层，局部含粉砂，厘米级纹层及棕色斑点，斑点为 Fe–Mn 质结核，ϕ = 2cm × 3cm
3.60	棕色粉砂质黏土，不等厚互层；在 2.22~3.28m 处黏土层厚 0.5~5.5cm，砂层厚 0.5~1cm；2.25m 处见 3cm × 0.5cm 的黑炭屑
4.12	灰棕色黏土，局部含浅棕灰色粉砂质黏土斑，斑块大小为 4mm × 11mm，斑与层相互斜交

续表

层底埋深 /m	岩性描述
4.94	灰棕色黏土与粉砂互层，黏土层厚度为 3~50cm，砂层厚度为 5~14cm
5.19	灰棕色黏土，含少量细粉砂，未见层理
5.80	灰棕色黏土与浅橄榄灰色黏土质细粉砂互层，黏土层厚 1~9mm
7.08	浅棕灰色 – 浅橄榄灰色黏土质细粉砂，均质，未见层理；5.05m 处发现贝壳，ϕ = 9mm × 11mm，下部见直径约 1mm 的贝壳碎片
8.42	浅橄榄灰色带棕灰色黏土质细粉砂，局部见浅棕色黏土条 7 条，黏土条厚度为 2~3cm，局部有贝壳碎片
9.04	浅灰棕色粉砂质黏土，局部见橄榄灰色细粉砂，均质，未见层理
10.92	浅橄榄灰色细粉砂与灰棕色黏土不等厚互层，砂偏多，黏土厚 3~15cm，为中潮滩砂泥互层；8.9m 处发现大量炭屑
11.60	灰色带黑色细砂为主，局部见少量中砂与灰棕色黏土不等厚互层，3 根长度为 10mm 的黏土条；含黑色重矿物，重矿碎片尺寸为 2mm × 2mm
12.60	浅橄榄灰色细砂质粉砂与灰棕色黏土互层，以黏土为主，黏土厚为 12~40mm，砂层厚为 2~30cm
13.15	棕灰色粉砂质黏土，底部渐变为浅橄榄灰色细粉砂，均质，未见层理；为中潮滩砂泥互层
13.60	灰棕色黏土为主，夹浅橄榄灰色细粉砂互层，细粉砂厚度为 8~10mm
13.86	灰棕色粗砂质黏土，底部为浅橄榄灰色细粉砂含白色点状贝壳碎片
14.23	灰棕色黏土，上部夹浅橄榄灰色 – 棕灰色细粉砂，呈斑状分布
14.71	灰棕色黏土与浅橄榄灰色细粉砂不等厚互层，以黏土为主，含 20 条细粉砂条，细粉砂条厚度为 1~12mm，粉砂形成砂波，底部有侵蚀面
15.28	以灰棕色黏土为主，夹棕灰色粉砂斑和条，共 3~4 条，条厚度为 8mm，斑厚度为 10mm
16.35	以灰棕色黏土为主，夹浅橄榄灰色细砂，局部呈透镜状 – 扁豆体状，厚度为 4~15mm
16.66	浅橄榄灰色细砂层夹灰棕色黏土条和斑，后者断续分布，呈脉状层理，15.55m 处见贝壳碎片
17.60	以灰棕色黏土为主，夹浅橄榄灰色细砂质粉砂，细粉砂呈透镜状，上部粉砂夹层多，向下逐渐变少，粉砂厚度为 2~32mm
18.40	灰棕色黏土与橄榄灰色细粉砂互层，细砂条厚度为 3~6mm，底部侵蚀，顶部过渡为黏土
19.44	以橄榄灰色砂为主，夹棕色黏土扰动条块；19.7m 处含贝壳碎屑

续表

层底埋深/m	岩性描述
20.12	以灰棕色黏土为主，夹橄榄灰色粉砂，泥块含水量高，为淤泥质，19.7m处含大量贝壳碎屑
21.11	橄榄灰色粉砂与灰棕色黏土不等厚互层，黏土厚度为5~25cm，砂厚度为10~15cm，砂层见暗色矿物
23.60	以棕色黏土为主，夹细－粉砂层，黏土为淤泥质（含水量高），砂层厚度为5~15mm
23.77	浅灰色粉砂层，均值，不呈层理，见一个文蛤碎片（尺寸为8mm×7mm）
24.60	以灰棕色黏土为主，夹浅橄榄灰色细砂，下部见粉砂透镜体，砂层厚度为2~25mm，下部砂层见直径为1~2mm的贝壳碎片，下部细砂透镜体渐变为粉砂透镜体且逐渐变薄
24.93	浅灰色粉砂，均质，未见层理，局部含细砂，偶夹灰棕色泥条2~3条，泥条厚度为2~3mm
25.60	青灰色－浅灰色黏土质粉砂－细粉砂为主，夹棕灰色黏土条和斑，黏土呈脉状断续分布，黏土厚度为2~6mm，中部见大量云母碎片
28.60	浅灰色－浅棕色粉砂层，均质，未见层理，局部夹浅灰色－浅棕色黏土质粉砂－粉砂质黏土斑和条，其厚度为5~10mm，25.88m处见大量炭屑和植物茎根
28.94	浅灰色细砂层与灰棕色黏土不等厚互层，黏土厚度为3~15mm，呈透镜状、分叉状，中部见直径为1~2mm的贝壳碎片（文蛤：ϕ＝5mm×10mm）
29.60	浅灰色粗粉砂为主，偶夹透镜状黏土层，含直径为2~3mm贝壳碎屑，黏土层厚度为14mm，底部为浅灰色粗粉砂，青灰色黏土质粉砂，组成波状层理，见直径为2~3mm的贝壳碎片
30.35	浅灰色－棕灰色细砂层夹棕色薄黏土层片，厚度为3~4mm
30.60	青灰色细砂层夹浅灰色粉砂层，略显波状，砂泥互层
31.10	青灰色－浅灰色粗砂，局部为细砂，夹灰棕色黏土层，黏土片断续分布，黏土层厚度为2~10cm，见大量贝壳碎片和一个完整的文蛤（尺寸为4mm×6mm）
31.75	青灰色粉砂与棕灰色黏土大段互层，从上到下为：黏土（25cm）－砂层（12cm）－黏土（12cm）－砂层（19cm），2层黏土中均有斑状粉砂体，斑块厚度为2–3mm，黏土层见生物虫孔，30.93m处见砂－泥侵蚀面
32.40	灰色粉砂，均质，未见层理，偏下部见透镜状黏土层
33.32	棕灰色黏土粉砂－粉砂黏土为主，夹薄透镜状粉砂层8层，厚度为3~4mm，贝壳碎片为5cm×5cm
33.60	浅灰色－深灰色粗粉砂层，均质，未见层理，中下部见淤泥质黏土（含水量高）
34.01	深灰色黏土，均质，未见层理，下部夹浅灰色粉砂，厚度为20mm

续表

层底埋深 /m	岩性描述
34.71	浅灰色 – 棕灰色粉砂质黏土层，33.6~33.8m 为均质粉砂层，见贝壳碎片 $\phi = 2\sim3$mm
35.04	灰色 – 深灰色粗粉砂，局部为细粉砂，均质，见 2 层厚度为 4~6mm 粉砂质黏土层
35.60	灰色 – 深灰色粗粉砂，夹深灰色黏土层，黏土层厚度为 5~10mm（上部夹层多，向下夹层变少变薄）
37.12	浅橄榄灰色细砂，均质，不呈层理，局部呈现黏土质粉 – 细砂条，厚度为 5~10mm
37.89	浅橄榄灰色粉砂与其暗橄榄棕色黏土不等厚互层，粉砂厚度为 15~40mm，黏土厚度为 30~60mm
38.60	浅橄榄灰色粉砂与浅橄榄棕色黏土不等厚互层；在 37.60m 以上是黏土偏多，黏土夹砂，黏土厚度为 40~90mm，砂厚度为 5~15mm;37.6m 以下是砂泥互层，形成波状层理，黏土厚度为 4~20mm，砂厚度为 3~40mm
39.93	橄榄灰色粉砂、粗砂、细砂与橄榄棕色黏土不等厚互层；38.05m 以上以厚黏土为主，黏土厚度为 9~48mm，砂厚度为 10~14mm；38.05m 以下为砂泥互层，沙泥含量均等，砂厚度为 5~20mm，黏土厚度为 4~15mm，黏土呈透镜状、脉状、分叉状分布，砂层含大量云母碎片
40.45	浅橄榄灰色含黏土粉砂与浅橄榄棕色黏土中等互层，38.65m 黏土偏多，黏土厚度为 5~20mm，砂厚度为 2~12mm，底部有粉砂，厚度为 75mm，含大量云母片
40.74	浅橄榄灰色黏土质粉砂为主，局部夹浅橄榄灰色粉砂，粉砂层厚度为 15mm
41.22	浅橄榄灰色粉砂与浅橄榄棕色黏土中等互层，粉砂厚度为 4~20mm，黏土厚度为 3~11mm
41.60	浅橄榄灰色粉砂夹薄层黏土质粉砂层，粉砂层厚度为 3~5mm
42.85	浅橄榄灰色细砂与浅橄榄棕色黏土不等厚互层，砂层厚度为 5~28mm，黏土厚度为 2~20mm，在 41.35~41.55m 与 42.03~42.07m 处见 2 层砂泥厚层互层，其他为中等厚互层
43.30	浅橄榄灰色细砂、含中砂为主，下部局部夹黏土，黏土厚度为 20mm，在 42.50~42.59m 处见 3 层黏土含量高，厚度为 15mm，42.50~42.57m 处见大量贝壳（尺寸为 4mm × 20mm）
43.60	橄榄灰色细砂与橄榄棕色黏土互层，黏土厚度为 3~12mm，砂层厚度为 5~20mm（薄 – 中等厚度）
43.76	浅橄榄灰色细砂，均质，见尺寸为 2mm × 4mm 的贝壳碎片
44.60	浅橄榄灰色粉 – 细砂与浅橄榄灰色黏土互层，黏土厚度为 4~30mm，砂层厚度为 2~40mm，43.3m 处见大量贝壳碎片（尺寸为 4mm × 7mm）
44.97	橄榄灰色黏土 – 细砂层，均质，未见层理，见 1mm × 2mm 贝壳碎片分布

续表

层底埋深 /m	岩性描述
45.60	浅橄榄灰色黏土质粉砂与浅橄榄棕色薄黏土互层，黏土厚度为4~6mm，砂层厚度为2~8mm
45.97	浅橄榄灰色黏土质粉砂，均质，未见层理
46.60	浅橄榄灰色黏土质粉砂与橄榄棕色薄黏土互层，黏土厚度为2~5mm，砂层厚度为3~6mm
46.86	浅橄榄灰色粉砂层，局部夹浅橄榄棕色黏土层2层，厚度分别为5mm和18mm
47.60	浅橄榄灰色粉砂与橄榄棕色黏土互层，黏土厚度为4~10mm，砂层厚度为5~9mm，个别达15mm
48.06	浅橄榄灰色粗粉砂，局部夹橄榄棕色黏土，见3层8~15mm的黏土层
48.60	浅橄榄灰色－深灰色粗粉砂－细粉砂层，夹薄橄榄棕色粉砂质黏土层，黏土层厚度为2~4mm，下部夹层密集
48.97	浅橄榄灰色粗粉砂，均质，未见层理，近底部局部黏土含量高
49.77	浅橄榄灰色细砂层，夹橄榄棕色粉砂质薄黏土层，黏土层厚度为2~12mm，以2~5mm居多
50.05	浅橄榄灰色黏土质粉砂，均质，未见层理（有泥浆混入）
50.60	浅橄榄灰色细砂为主，夹橄榄棕色薄层粉砂质黏土，黏土层厚度为2~4mm，下部夹层密集
51.60	浅橄榄灰色细砂－橄榄棕色黏土不等厚互层，黏土层厚度为2~20mm（以2~4mm居多），砂层厚度为2~50mm（以5~10mm居多）
52.16	浅橄榄灰色细砂，均质，未见层理，偶夹橄榄棕色薄层黏土，黏土层厚度为2~3mm，共8层
52.64	浅橄榄灰色细砂与橄榄棕色泥质粉砂互层，形成波状层理，黏土层厚度为3~5mm，砂层厚度为5~20mm；51.47m处见白色小全螺（尺寸为4mm×10mm），存磨损
53.07	浅橄榄灰色粗粉砂－细砂层，上部均质未见层理，下部夹少量泥质粉砂薄层，厚度为4~8mm，共6层
53.60	浅橄榄灰色粗粉砂、极细砂与浅棕色黏土互层，构成砂泥互层，呈波状层理，黏土厚度为5~10mm，砂层厚度为5~12mm
53.96	浅橄榄灰色细砂，均质，未见层理，隐现由泥质粉砂组成，共2层，厚度为4mm
54.01	黄绿色含砾含黏土质粉细砂层，含Fe–Mn结核（粒径为5~7mm）、贝壳碎屑、螺（尺寸为5mm×8mm）、石英颗粒（粒径小于1.5mm）
54.74	浅橄榄灰色细砂粉砂与橄榄棕色黏土互层波状层理，砂层厚度为7~12mm，黏土厚度为4~11mm

续表

层底埋深 /m	岩性描述
54.98	浅橄榄灰色粉砂层，均质，未见层理（可能有泥浆混入）
55.80	浅橄榄灰色细砂层，夹橄榄棕色薄黏土层，黏土层厚度为 2~7mm，下部薄层数量增加
56.27	浅橄榄灰色细砂层，见贝壳碎屑（54.88~55.07mm），组成水平层理
56.78	青灰色粉砂与棕灰色黏土粉砂不等厚互层，粉砂厚度为 28mm，黏土层厚度为 40mm
57.14	浅橄榄灰色粉砂，均质，未见层理
57.60	浅橄榄灰色粉砂与橄榄棕色黏土质粉砂组成薄 – 厚互层，砂层厚度为 2~6mm，黏土层厚度为 4~5m（最厚为 40mm，以薄层为主）
58.23	浅橄榄灰色细砂，56.50m 处有炭屑
58.60	浅橄榄灰色细砂与橄榄棕色黏土质粉砂互层，黏土层厚度为 4~18mm，砂层厚度为 5~10mm
59.60	浅橄榄灰色 – 深灰色细砂层，均质，未见层理
60.16	浅橄榄棕色粉砂质黏土，均质，未见层理
60.60	浅橄榄灰色细砂为主，隐现橄榄棕色含黏土粉砂薄层，黏土层厚度为 3~6mm
61.41	橄榄灰色细砂层，59.75m 处见大量炭屑
61.60	浅橄榄灰色细砂层，隐现橄榄棕色薄黏土层，黏土层厚度为 1~3mm
61.90	浅橄榄灰色粉砂 – 细砂层，均质，未见层理
62.60	浅橄榄灰色细砂层，见 8 层薄泥质粉砂层，粉砂层厚度为 10mm
63.67	浅橄榄灰色细砂 – 粉砂层，61.63m 处发现大量炭屑和钙质结核（尺寸为 9mm × 10mm），螺（白色小全螺，扁玉螺）
64.10	棕灰色 – 橄榄棕色含黏土细砂、粉砂，呈块状，未见层理
64.60	浅橄榄灰色细砂层，块状
65.60	浅橄榄灰色中砂，均质，未见层理，呈块状，见结核（尺寸为 20mm × 12mm），白色小全螺（尺寸为 4mm × 5mm）以及螺碎片
67.36	浅橄榄细 – 中砂，65.35m 处隐现泥质细砂薄层，厚度为 3mm，分散状贝壳碎片，最大尺寸为 5mm × 6mm
67.76	浅灰色含泥细砂层，隐现砂泥互层组成波状层理
69.51	浅橄榄灰色 – 深灰色细砂 – 中砂层，上部有大量贝壳碎屑和炭化植物（尺寸为 2mm × 3mm）
69.68	浅橄榄灰色含黏土细砂，隐现砂泥互层组成的波状层理

续表

层底埋深 /m	岩性描述
71.45	浅橄榄灰色－灰色细－中砂层，顶部见大量螺，完整大小为 5mm × 10mm
71.60	浅灰色含黏土细砂层，块状，未见层理
71.91	浅橄榄灰色中砂，未见层理，70.40m 处见 2 块钙质砂礓，粒径为 12~20mm
72.10	深橄榄灰色中砂，含大量螺壳碎片富集在底部，厚度为 10nm，碎片直径为 3~7mm
72.39	橄榄灰色中砂，块状，未见层理，含云母和极细贝壳碎片，碎片大小为 1~4mm，底部上覆在侵蚀面上
74.13	橄榄棕色黏土质粉砂，块状，未见层理，有极细白色云母，粒径为 0.5mm，星点状分布
74.22	橄榄棕色黏土质粉砂，块状，未见层理，含大量贝壳碎片，粒径为 3~5mm
74.60	棕灰色粉砂质黏土
75.60	橄榄棕色粉砂质黏土，夹黄棕色黏土斑快，水平分布，横向分布 10~20cm
77.97	橄榄棕色黏土质粉砂，含大量棕色黏土斑块，黏土斑块中含有钙质结核，斑块直径为 20~30mm，钙质结核尺寸为 1.3cm × 1cm
78.88	橄榄棕色致密黏土，未见层理，含黄棕色斑块和 Fe–Mn 结核，结核粒径为 1~3mm
79.07	橄榄棕色粉砂，未见层理
79.45	橄榄棕色黏土，含 Fe–Mn 结核，结核粒径为 2~5mm
79.88	橄榄棕色黏土质粉砂，含大量黄棕色斑块，不规则水平分布
80.15	橄榄棕色黏土质粉砂，含大量黄棕色斑块，不规则分布
81.69	上部为橄榄棕色致密黏土，块状，Fe–Mn 结核呈星点状分布，粒径为 1.5~3mm；下部为粉砂质黏土，分界在 79.67m 处
82.65	深橄榄棕色黏土，未见层理，偶见粒径为 1~2mm 的 Fe–Mn 结核，在 80.48m 处见一块石灰岩块体，粒径为 22~30mm，有棱角，在表面见放射状方解石结晶（顶部有工程泥浆污染）
83.62	深橄榄灰色粉砂，块状，未见层理
84.17	浅橄榄灰色粉砂与黏土互层，砂层厚度为 18~20mm，黏土层厚度为 22~65mm，黏土中含白色斑状体（局部钙质结核增多）
84.60	灰棕色黏土为主，夹 2 层浅橄榄灰色粉砂层，粉砂层厚度为 5~20mm
85.20	浅橄榄灰色粉砂－黏土质粉砂，未见层理
85.79	浅橄榄灰色粉砂与灰棕色黏土互层，砂层厚度为 15~60mm，黏土层厚度为 30~60mm
86.13	灰棕色黏土层夹薄粉砂层，砂层厚度为 1~2mm，共 25 层透镜状不连续分布，与下覆层呈侵蚀面接触

续表

层底埋深 /m	岩性描述
86.60	浅橄榄灰色含细砾极粗砂，偶含砾卵石级石英颗粒（粒径为 9mm）；上部 84.58~84.63m 和下部 84.68~85.04m 处呈 2 个旋回，均表现由粗到细正向韵律层序
87.60	灰色 – 深灰色含细砾极粗砂，石英（粒径为 9mm），由下向上变细旋回，见 7~8 条斜层理（河流动力形成）
88.60	橄榄灰色粉砂，含大量黑 – 深棕色腐殖炭屑
88.67	浅橄榄灰色细砂层，无显著层理，顶部见云母形状碎片
89.25	橄榄灰色粗砂，石英颗粒，云母颗粒，为分层，含暗黑色粉砂级矿物
89.60	橄榄灰色粉砂 – 细砂，含小粒石英颗粒，粒径为 1~3mm，隐现水平层理
91.60	浅橄榄灰色细砂为主，未见层理，见云母碎片和粉砂级亮色矿物
92.40	橄榄棕色细砂 – 粉砂，含石英（粒径为 2~4mm），四棱状，磨圆度差
93.60	橄榄灰色致密细砂，底部含黏土条，上部为块状，未见层理
94.16	橄榄灰色细砂，含 40% 的暗灰色粉砂级矿物，块状，未见层理
94.60	橄榄灰色细砂与橄榄棕色黏土互层，黏土层厚度为 4~8mm，砂层厚度为 5~10mm
95.07	橄榄灰色细 – 中砂，含螺壳（尺寸为 5mm × 3mm），石英颗粒（粒径为 2~3mm），贝壳碎片占 7%~10%
95.60	橄榄灰色粗砂，夹石英颗粒，最大为 8mm × 6mm，占 30%；破碎螺壳尺寸为 10mm × 5mm，螺壳分布在 93.85~93.9m 处
96.46	橄榄灰色，从上到下逐渐变细，下部为中砂，中部为细砂，上部为细砂 – 粉砂，见石英颗粒，分选差，磨圆差，粒径 1~2mm
98.16	见三套由粗到细（中粗砂 – 中砂 – 细粉砂）砂层，第一层底部在 95.60m 处，第二层在 96m 处，第三层在 96.68m 处
98.60	橄榄灰色细砾极粗砂层，以石英为主（粒径为 3~10mm），为四棱状，磨圆较好，扁平状，偶见磨圆的贝壳碎片，97.12m 处见植物根系（60mm），黑棕红色树皮（体积为 7.5cm × 2.5cm × 5cm）
99.18	棕黄色含细砾极粗砂、砂砾层，粉砂级暗色矿物（<20%），块状，未见层理
99.60	棕黄色细 – 中砂，底部隐现波状层理
100.13	橄榄灰色细粉砂，暗色矿物占 70%，未见层理
100.95	橄榄灰色含砾细砂，多见石英颗粒（粒径为 2~6mm），未见层理
101.37	棕黄色含细砾极粗砂，细砂级暗色矿物占 <20%（99.04~99.33m 含工程泥浆）
101.52	浅橄榄灰色含卵石砂砾层，最大卵石长度为 19mm
101.60	橄榄灰色 – 灰色含砂砾粗砂，最大卵石长度为 9mm

续表

层底埋深 /m	岩性描述
102.07	浅灰色 – 浅棕灰色含卵石砂砾层
102.73	浅橄榄灰色细砂层，含烧料卵石和极粗砂，最大粒径为 5mm
103.06	浅橄榄灰色含砂砾极粗砂，长度为 15mm，滚圆石英
104.86	浅橄榄灰色 – 灰色粗砂质细砂层，局部见粉砂层，均质，未见层理，下部隐现水平层理
105.37	浅灰色 – 灰色含卵石砂砾层，卵石大小为 35mm，粉砂级炭屑，扁平石英质卵石（18mm），隐现单向斜层理，角度为 15°
105.47	浅灰色 – 棕灰色砂质卵石层，卵石长度为 15mm
106.12	浅灰色含细砂砾极粗砂，少量卵石长度为 10mm
106.21	浅橄榄灰色含砂和细砾卵石层，卵石长度为 10mm
106.74	浅灰色含砂砾极粗砂
106.78	灰色细砂层，含少量砂砾
107.01	浅灰色砂砾质卵石层，卵石长度为 15mm，次圆状，主要为石英质、长石质、砂岩岩屑及少练火山质卵石
107.16	浅灰色粗砂质砂砾层
107.31	砂砾质卵石层
108.09	浅灰色 – 灰色含卵石砂砾层
108.37	浅橄榄灰色含卵石砂砾层，卵石长度为 70mm，次圆 – 次棱状，成分为石英、长石和岩屑，少量贝壳碎片（尺寸为 3mm × 4mm）
108.53	橄榄灰色含粗砂中砂层
108.98	浅橄榄灰色含砾极粗砂，含少量贝壳碎片和炭屑，贝壳大小为 2mm × 5mm
110.05	棕黄色 – 灰色含黏土极粗砂层，局部含卵石，长度为 15mm
111.88	含卵石砂砾层，顶部见泥岩砾石（长度为 75mm），石英砾石（长度为 20mm），次棱状，集中在 106.55~106.7m 处
112.82	深灰色 – 灰色粉砂层，隐现泥质粉砂薄条带，连续或断续分布，厚度为 3~5mm
114.16	灰色 – 深灰色粉砂质细砂，均质，未见层理，见极个别极粗砂，贝壳碎片 <1mm
115.39	灰色 – 深灰色含卵石砂砾层，局部见炭化植物碎屑，棕红色 2mm 厚的植物残片尺寸为 36mm × 30mm
116.94	浅橄榄灰色 – 灰色粉砂质细砂，上部为橄榄棕色夹泥质团块，大小为 4mm × 5mm 至 4mm × 15mm，111.8m 处见大量炭屑顺层排列，呈 4~5mm 厚薄层

续表

层底埋深 /m	岩性描述
117.60	浅橄榄灰色细砂质粉砂，夹橄榄棕色粉砂质黏土层，黏土呈透镜状，厚度为 5~8mm
119.40	浅橄榄灰色粉砂质细砂，均质，未见层理，夹橄榄棕色黏土薄层，厚度为 15mm
119.60	浅橄榄灰色粉砂质细砂，夹 2 条橄榄灰色泥质薄层，厚度为 9~15mm
120.12	橄榄灰色 – 灰色粉砂质细砂，均质，未见层理，发现 2 粒长度为 6mm 的卵石，为次圆状
120.71	浅橄榄灰色粉砂质细砂，夹 9 层橄榄棕色粉砂质黏土薄层，厚度为 4~10mm
121.37	浅橄榄灰色细砂，均质，未见层理
121.60	浅橄榄灰色含砂砾粗砂层，夹 7 层橄榄棕色砂质黏土层，厚度为 10~15mm
122.01	浅橄榄灰色粉砂质细砂，夹橄榄棕色粉砂质黏土，厚度为 11mm，透镜状分布
122.27	橄榄棕色 – 灰色粉砂质黏土层与浅棕灰色粉砂细砾互层，黏土层厚度为 7~10mm，细砾层厚度为 7~15mm
123.26	浅橄榄灰色 / 棕灰色中砂 – 粗砂，偶含石英质卵石（长度为 14mm），呈次圆状
123.60	浅橄榄灰色粗砂与黏土质细砂互层，砂层厚度为 9~20mm，黏土质细砂层厚度为 5~20mm
124.60	浅橄榄灰色中砂、细砂层，均质，未见层理，底部隐现泥质粉砂薄层，118.90~119.0m 处发现深棕色植物残体（尺寸为 40mm × 20mm）
125.60	浅橄榄灰色中砂质细砂层，见 5 层橄榄棕色粉砂质黏土，厚度为 5~7mm
126.93	浅橄榄灰色黏土层，均质，未见层理，局部含细砂，底部为侵蚀面，指示重大环境变化
128.32	浅橄榄灰色细砂质中砂层与橄榄棕色含粉砂黏土互层，黏土层厚度为 10mm，砂层厚度为 15mm
129.77	中兰绿色黏土，黏手，均质，未见层理；含白色钙质结核（直径为 8~15cm），底部（122.39~124.69m）见白色生物钙质结核，风化深，长 50mm
130.16	中兰绿色向浅橄榄灰色过渡含黏土粉砂，均质，未见层理
130.60	浅灰色黏土，均质，未见层理，含钙质结核（直径为 22mm）
131.50	浅橄榄灰色含细砂粉砂，夹 6 层橄榄棕色含粉砂黏土薄层，厚度为 3~4mm
133.70	灰色粉砂质细砂，均质，未见层理
134.38	浅橄榄灰色粉砂质细砂，见分散状螺壳碎片（直径为 3mm）
134.60	浅橄榄灰色粉砂 – 细砂与浅橄榄棕色粉砂质黏土互层，黏土层厚度为 8~20mm，粉砂层厚度为 12~50mm

续表

层底埋深 /m	岩性描述
136.30	浅橄榄灰色－灰色细砂质粉砂，均质，129.70m 处见大量完整螺壳和碎片，螺长度为 6mm
136.65	浅橄榄灰色粉砂夹 8 层橄榄棕色黏土层，黏土层厚度为 5~10mm，呈波状分布
137.97	浅橄榄灰色含黏土细砂层，均质，中部见大量螺壳和碎片，螺壳长度为 6mm
138.60	浅橄榄灰色粉砂与浅橄榄棕色粉砂不等厚互层，呈波状层理，黏土层厚度为 4~10mm，砂层厚度为 5~55mm
139.60	浅灰色－灰色细砂层，夹黏土质细砂薄层，见 7 层，厚度为 5~5mm，顶部见顺层分布的大量炭化植物残体，见呈斜波状层理
140.59	浅橄榄灰色中－细砂为主，偶见 5 个不连续泥斑
141.66	浅橄榄棕色中－细砂为主，具显著粉砂质黏土条，砂层厚度为 70~150mm，粉砂质黏土条厚度为 6~15mm，在 135.15m 处发现 7~10mm 的螺壳
141.79	浅橄榄灰色中砂，无层理
141.86	中砂砾层含砂礓（尺寸为 55mm × 35mm），发现厚 10mm，尺寸为 20mm × 13mm 的牡蛎壳，底部见侵蚀面
144.28	中蓝绿色黏土，致密，块状，无层理
144.37	橄榄灰色黏土质粉砂，底部为侵蚀面
144.46	浅灰色黏土，块状
144.75	橄榄灰色黏土质粉砂，块状，偶见贝壳碎片（尺寸为 10mm × 15mm）
145.43	橄榄棕色黏土质粉砂，块状，未见层理
146.00	橄榄棕色粉砂，夹橄榄灰色粉砂质黏土，黏土层呈波状分布，厚度为 3~5mm
147.53	深蓝绿色黏土，质地均一，无层理，偶含 5mm 砂礓，见尺寸为灰绿色 10mm × 15mm 黏土斑块，其核为铁锈色植物残体
148.00	浅蓝灰色黏土，含大量灰白色螺壳碎屑，螺壳不完整，残体直径 3~5mm（估计是整体的 3/4）
149.05	含浅蓝色砂礓黏土，无层理，钙质砂厚度为 70~40cm，约 40cm 间距显见，偶见白色螺壳
149.47	灰棕色黏土，含灰白色泥斑（粒径为 10mm），无层理，偶见 2~3mm 薄螺壳碎片
150.01	含大量生物碎屑，灰棕色粉砂质黏土，螺壳较完整，最大为 10mm，见 2 条植物根系（尺寸分别为 40mm × 8mm 和 15mm × 5mm），残斑呈铁锈红色

YZ07 钻孔以 2~5cm 间隔采集沉积学、微体生物、环境磁学以及 ^{14}C、光释光、古地磁测年样品。

5.1.2 年代测定与地层框架

对 YZ07 孔 14 个样品采用了加速器放射性碳（AMS^{14}C）进行测年（表 5-2）。在测定结果中，贝壳、螺壳样品的测定年代偏新（Age Too Young，ATY），而一些黑色有机黏土测定年代偏老（Age Too Old，ATO）（Stuiver，Reimer，1993）。这些样品除了后期污染（ATY）或老碳再沉积（ATO）外，海岸带复杂的大陆与海洋双重水动力搬运和沉积可能是导致其年代倒转的主要原因，年代数据不宜采用。去除了这些年代数据，整体年代数据反映了区域沉积物晚更新世以来的地层层序。因此，本书结合区域地层判断，采用年代在（3175 ± 35）a B.P.、（6229 ± 20）a B.P.、（6048 ± 31）a B.P.、（4040 ± 47）a B.P.、（6714 ± 39）a B.P.、（11 298 ± 46）a B.P.、（25 663 ± 104）a B.P. 和 > 47 000a B.P. 的测年数据（表 5-2）。为了弥补放射性碳测年 10 个半衰期以外的测年年限，采用 YZ07 孔光释光（OSL）对钻孔下部测年。在 6m 和 95m 之间测定了 6 个光释光年龄，分别是（1.38 ± 0.17）ka B.P.、（3.22 ± 0.41）ka B.P.、（4.91 ± 0.52）ka B.P.、（6.21 ± 1.03）ka B.P.、（20.45 ± 3.6）ka B.P. 和 >200ka B.P.（表 5-3）。

表 5-2　YZ07 钻孔 AMS^{14}C 测年数据

编号	NZA 实验室编号	样品编号	深度 /m	样品	AMS 测定 /a B.P.	误差 / ± a	树轮校正日历年 /a B.P.	备注
1	NZA-57505	F01	2.62m	碳屑	2 985	25	3 209~3 140	
2	NZA-57506	F02	5.87m	有机黏土	7 601	31	8 413~8 383	ATO
3	NZA-57507	F03	9.9	碳屑	5 421	27	6 248~6 209	
4	NZA-57508	F04	16.52	有机黏土	13 353	47	16 163~15 974	ATO
5	NZA-57509	F05	19.51	有机黏土	24 482	137	28 693~28 377	ATO

续表

编号	NZA 实验室编号	样品编号	深度 /m	样品	AMS 测定 /a B.P.	误差 / ± a	树轮校正日历年 /a B.P.	备注
6	NZA–57510	F06	25.84	碳屑	5 323	27	6 079~6 017	
7	NZA–57903	F–07	28.53	贝壳	4 034	19	4 087~3 993	
8	NZA–57904	A–323	33.67	贝壳	6 271	22	6 753~6 674	
9	NZA–57984	F–09	42.96	贝壳	9 926	34	11 344~11 252	
10	NZA–59472	F–10	43.88	贝壳	21 311	91	25 766~25 559	ATY
11	NZA–59046	F–13	56.06	碳屑	本底		>47 000	
12	NZA–59047	F–15	62.82	碳屑	本底		>47 000	
13	NZA–59163	A–700	72.28	植物残体	本底		>47 000	
14	NZA–59473	A–820	84.67	螺壳	26 788	172	31 065~30 828	ATY

注：NZA 为新西兰 ^{14}C 实验室的国际编号

表 5–3　YZ07 钻孔光释光测年数据

实验室编号	深度 /m	材料	等效剂量 /Gy	OSL 年龄 /ka
A–6	–6	黏土质粉砂	2.24	1.38 ± 0.17
A–22	–22	粉砂质黏土	6.64	3.22 ± 0.41
A–30	–30	细砂	7.30	4.91 ± 0.52
A–44	–44	黏土质粉砂	11.88	6.21 ± 1.03
A–50	–50	粉砂质黏土	43.49	20.45 ± 3.36
A–920	–95	细砂	>600	>200

YZ07 孔处于江苏沿海长江口北岸，由于海岸 – 三角洲场的双向和多样，沉积颗粒受到沉积动力的扰动，可能超过地磁场对磁颗粒的影响；同时在一些层位，沉积物磁性较弱，也会影响古地磁测试的结果。但总体来看，YZ07 孔磁极性测量显示了总体上正向极性，但出现数段负向极性。有学者根据磁性矿物的软硬、磁化率指示的磁性强弱，对古地磁磁倾角的数量进行了整理（Tauxe，1998）。选取方法采用以下两种：①在退磁曲线中，检查随着磁场强

度增强所测的磁倾角矢量投影分布。当样品点分布曲线翘起，表明获得螺旋剩磁，选取矢量投影图中翘起前最稳定且趋向于原点的数据，或选取总体趋势呈直线且指向原点的样品。②选取样品的最大角偏差（MAD）<10°，且自然剩磁（NRM）不低于 $3\times10^{-6}Am^2/kg$（图 5–1）。

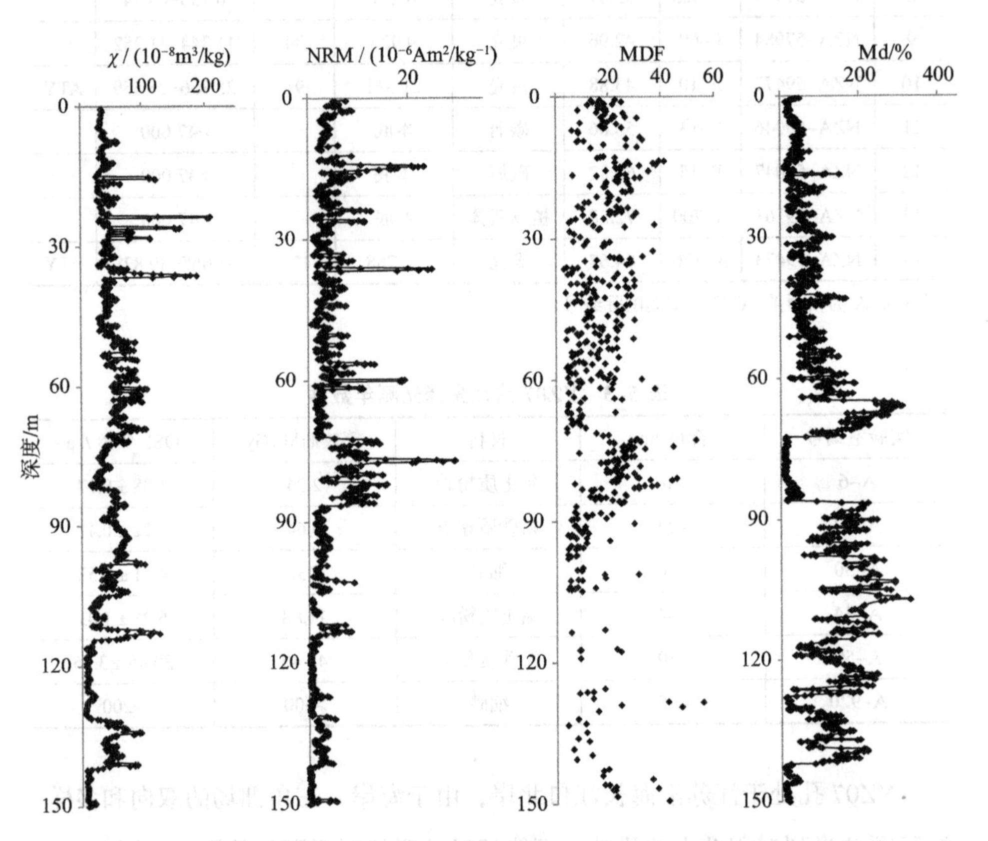

图 5–1　YZ07 孔磁化率（χ）、自然剩磁（NRM）、中值破坏场（MDF）和中值粒径（Md）对比曲线

经过这些去噪处理，从 1280 个样品中获取 297 个较强的稳定信号，发现在钻孔深度 12.5~13.54m、18.4~19.44m、42.66~43.68m、46.50~47.27m 和 63.54~66.5m 等处出现负极性反转。其中深度在 3.54~66.50mm 时为负极性，结合层位和层分析相当于布莱克负极性磁性反转时间（128ka B.P.）（Tauxe，1998），与南黄海区域地层中发现的布莱克负极磁性事件相当（周墨清，1987，1990）。

经过综合分析，可划分晚更新世 130ka B.P. 以来，对应海洋氧同位素期 MIS6 阶段以来的界面，分别出现在钻孔深度 73.5m（MIS5/6；128ka B.P.）、54.98m（MIS4/5；70ka B.P.）、52.1m（MIS3/4；55ka B.P.）和 42.98（MIS1/3；1.2ka B.P.），MIS2 阶段沉积物由于长江摆动作用导致缺失，这在该研究区内是常见现象。

5.2　微体生物证据

在 YZ07 钻孔中发现了不同层位具有淡水和咸水环境指示意义的双壳类和腹足类组合。咸水种组合出现在两个不同层位。在钻孔 0~6m 处出现潮间带砂质区环境双壳类文蛤（*Meretrix meretrix Linnaeus*），反映出海岸潮间带沉积环境（标记为第一海相层 MT1，全新世）。在 55.8~62.8m 层位出现大量滨岸潮滩相咸水种腹足类，包括白小旋螺（*Gyraulus albus Müller*）、长角副豆螺（*Parabithynia lognicornis Benson*）、无背卷蝾螺比较种（*Turbonilla cf. nonnota Nomura*）。这个组合和层位表明了滨岸潮滩沉积环境属于晚更新世早期海相层（标记为 MT3）。此外，在钻孔其他两个层位（51~52m 和 131.4~147.8m）出现了淡水腹足类纹沼螺（*Parafossarulus striatulus Bensen*），底部 131~147.8m 还大量出现了淡水双壳类碎片，反映了河湖 - 陆相沉积环境。

根据硅藻的鉴定分析，发现其仅分布在钻孔 0~51.3m 层位，在 52m 以下未发现硅藻个体或碎片。淡水硅藻壳体很容易受到高盐度和碱度海水的溶蚀，所以钻孔下部的硅藻壳体很难保存下来。发现的咸水种硅藻在岩性柱上主要分布在表层和 35.0~51.3m 处。

表层0~6.5m咸水种硅藻组合以底栖、近岸或潮间带种巨大辐环藻（*Actinoptyclus ingens*）、爱氏辐环藻（*A. octonarius*）、双菱缝舟藻（*Delphineis/Raphineis surirella*）占优势，出现了少量乳头弧眼藻（*A. mammifer*）、离心列海链藻（*Thalassirothrix excentrica*）、菱形海线藻（*T. nitzschioides*）和海毛藻（*Thalassirothrix nitzschioide*），以及沿岸种波状辐裥藻［*Actinoptychus senerias*（*undulates*）］和华美辐裥藻（*Actinoptychus splenens*）。该硅藻组合代表了滨岸潮间带沉积环境中，对应的双壳类咸水种指示的海相层（MT1）。

咸水种硅藻在35~51.3m层位是整根岩芯中保存的最好的一段，反映了晚更新世晚期三个阶段的沉积环境变化，标记为第二海相层（MT2）。其中第一段（50.5~51.5m）海水种乳头弧眼藻、菱形海线藻、*T. excentrica*和刺棘藻类（*Xanthiopyxis* spp）占较大比例，特别是对温度和盐度要求较高的结节圆筛藻（*Coscinodiscus nodulifer*）占有一定的比例，说明这段时期海温和海平面均较高。第二段（44.5~48.5m）：海水种乳头弧眼藻和*C. nodulifer*消失，其他海水种如具槽直链藻［*Paralia*（*Melorira*）*sulcata*］、菱形海线藻、*T. excentrica*，*T. oestrupii*和刺棘藻类比例有所下降。这一带中柱状小环藻/条纹小环藻（*Cyclotella stylorum/striata*）百分含量较前一段增加，其他沿岸种也有所升高，说明这一时期海温及海面较之前有多下降。第三段（40~44.5m）：*C. stylorum/striata*百分含量稍有下降，海水种*P.*（*M.*）*sulcata*、菱形海线藻、*T. excentrica*和*T. oestrupii*丰度稍有增加，*C. nodulifer*又出现，推断这一时期海温和海面较之前稍有上升。

YZ07钻孔顶层0~18m处含有大量的有孔虫，包括潮滩现生种滨岸广盐属种毕克卷转虫［*Ammonia beccarii*（Linné）var.］与浮游类属种奈良小上口虫［*Epistominella naraensis*（Kuwa.）］、半缺五块虫（*Uvigerina canariensis*）组合形成滨海－浅海相沉积，对应于海相层MT1。在钻孔深度35.3~45.7m处，有孔虫丰度为1225~2074.9个/50g。深水海水种*E. naraensis*占3.3%~4.3%。

该层与第二层咸水种硅藻组合层位相当（MT2）。在深度 61.8~71.7m 处，丰度达到 1209~4954 个 /50g，深水海水种 *E. naraensis* 占 3.6%。该有孔虫组合和层位指示了晚更新世早期的海相层，对应咸水种双壳类组合的海相层（MT3）。

由此，在沉积物和层序的基础上，根据咸水种双壳类、咸水种硅藻和有孔虫种种属和组合，将 YZ07 孔岩性划分为全新世 MT1、晚更新世晚期 MT2 和晚更新世早期 MT3 三层海相层，表明了晚更新世以来至少三次在陆、海之间的沉积旋回。

5.3　不同时期 YZ07 孔沉积相和磁学参数分析

根据沉积学和微体生物学的综合分析，YZ07 孔顶部（0~14.6m）以潮滩相沉积为主，下部（72.1~150.0m）以河湖相沉积为主。中部（14.6~72.1m）具有数次海陆变化旋回沉积，表现为河漫滩 – 湖沼相、河口沉积和潮滩 – 滨海相之间的变化。根据地层层序和年代模式，从晚更新世到全新世共有 19 段沉积变化，分属 MIS6 以来的不同时期。

5.3.1　中更新世的晚期（73.5~150m）

5.3.1.1　沉积相分析

根据 YZ07 钻孔深度在 68~73m 处的古地磁负极性布莱克事件以及在 95m 的 OSL 年龄（200ka B.P.）估计，该套沉积年代早于 128ka B.P.，包括海洋氧同位素 MIS6［128 ~（180 ± 20）ka B.P.］（Lowe，Walker，1997；Lisiecki，Raymo，2005；方念乔 等，2004）及更早年代的沉积。根据岩性、侵蚀面或沉积间断分布，可自下而上划分为 7 段沉积层。

钻孔深度在141.79~150m段是一套蓝绿色或浅蓝绿色致密块状黏土，夹有橄榄灰色黏土质粉砂，偶含砂礓、贝壳碎片和植物根系。在149m处含大量淡水纹沼螺（*Parafossarulus striatulus Bensen*）。属于一套河漫滩－湖沼相沉积。

深度在130.16~141.79m段，底部与下伏呈侵蚀面接触。该套沉积物以浅橄榄灰色粉砂或细砂为主，夹多层橄榄棕色黏土层，见波状层理。含有完整螺壳和碎片。底部含砂礓，见大量碳化植物残体。在140m和134m处含两层淡水纹沼螺（*Parafossarulus striatulus Bensen*），属于河漫滩－河口相沉积。

深度在125.6~130.16m段，以蓝绿色致密均质黏土为主，含钙质结合，见深棕色植物残体，未见古生物化石。为湖沼相沉积。

深度在114.16~125.6m段，含砾石、卵石的粗砂－细砂层，属于河床相沉积。局部见碳化植物碎屑和棕红色植物残体。底部（122.39~124.69m）见白色生物钙质结核，风化较深，代表了一个沉积间断。

深度在98.16~114.16m段，含砾橄榄灰色细砂和粗砂，水平层理。含石英颗粒（2~4mm）和云母碎片，间或含黏土层，见完整螺壳或破碎贝壳。底部浅橄榄灰色含卵石砂砾层；卵石大小为70mm，次圆－次棱状，成分为石英、长石和岩屑，含少量贝壳碎片，属于河漫滩－河床相沉积，在95±0.1m处光释光年代结果大于200ka B.P.。

深度在86.1~98.16m段，由橄榄灰色细砂和粗砂组成，隐现水平层理。灰色含细粒极粗砂。砂层由下而上变细，见7~8条斜层理，属河流－河口相。

深度73.5~86.1m段，底部与下伏6段呈侵蚀面接触。棕色致密黏土，未见层理，含黄棕色斑块和Fe–Mn结合，结合粒径为1~3mm；上部由致密橄榄棕色黏土组成，无层理。属陆相河湖相沉积。

顶部与上覆8段呈侵蚀面接触。

5.3.1.2　磁性参数垂直变化

χ、磁滞磁化率（χ_{ARM}）和 SIRM 通常反映了样品中磁性矿物的含量，三个曲线变化较一致（图 5–2，表 5–4）。

在 141.79~150.00m 段发育的河漫滩 – 湖沼相中，χ 的最小值和最大值分别为 $6.06 \times 10^{-8}m^3/kg$ 和 $51.97 \times 10^{-8}m^3/kg$，平均值为 $10.5 \times 10^{-8}m^3/kg$；$\chi_{ARM}$ 的最小值和最大值分别为 $2.89 \times 10^{-8}m^3/kg$ 和 $57.28 \times 10^{-8}m^3/kg$，平均值为 $9.99 \times 10^{-8}m^3/kg$；SIRM 的最小值和最大值分别是 $63.1 \times 10^{-6}Am^2/kg$ 和 $5311.6 \times 10^{-6}Am^2/kg$，平均值为 $436.79 \times 10^{-6}Am^2/kg$。

在 130.16~141.79m 段发育的河漫滩 – 河口相中，χ 的最小值和最大值分别为 $5.93 \times 10^{-8}m^3/kg$ 和 $177 \times 10^{-8}m^3/kg$，平均值为 $49.7 \times 10^{-8}m^3/kg$；$\chi_{ARM}$ 的最小值和最大值分别为 $1.45 \times 10^{-8}m^3/kg$ 和 $126.2 \times 10^{-8}m^3/kg$，平均值为 $42.7 \times 10^{-8}m^3/kg$；SIRM 的最小值和最大值分别是 $142 \times 10^{-6}Am^2/kg$ 和 $6235.9 \times 10^{-6}Am^2/kg$，平均值为 $1989 \times 10^{-6}Am^2/kg$。

在 125.6~130.16m 段发育的湖沼相中，χ 的最小值和最大值分别为 $4.7 \times 10^{-8}m^3/kg$ 和 $27.9 \times 10^{-8}m^3/kg$，平均值为 $10.6 \times 10^{-8}m^3/kg$；$\chi_{ARM}$ 的最小值和最大值分别为 $3.67 \times 10^{-8}m^3/kg$ 和 $67.55 \times 10^{-8}m^3/kg$，平均值为 $17 \times 10^{-8}m^3/kg$；SIRM 的最小值和最大值分别是 $116 \times 10^{-6}Am^2/kg$ 和 $1734.3 \times 10^{-6}Am^2/kg$，平均值为 $602.02 \times 10^{-6}Am^2/kg$。

在 114.16~125.6m 段发育的河床相中，χ 的最小值和最大值分别为 $4.22 \times 10^{-8}m^3/kg$ 和 $31.31 \times 10^{-8}m^3/kg$，平均值为 $9.87 \times 10^{-8}m^3/kg$；$\chi_{ARM}$ 的最小值和最大值分别为 $1.76 \times 10^{-8}m^3/kg$ 和 $62.27 \times 10^{-8}m^3/kg$，平均值为 $20.1 \times 10^{-8}m^3/kg$；SIRM 的最小值和最大值分别是 $214 \times 10^{-6}Am^2/kg$ 和 $2205 \times 10^{-6}Am^2/kg$，平均值为 $576.67 \times 10^{-6}Am^2/kg$。

在 98.16~114.16m 段发育的河漫滩 – 河床相中，χ 的最小值和最大值分别

为 $10.5 \times 10^{-8} m^3/kg$ 和 $166.5 \times 10^{-8} m^3/kg$，平均值为 $45.6 \times 10^{-8} m^3/kg$；$\chi_{ARM}$ 的最小值和最大值分别为 $9.7 \times 10^{-8} m^3/kg$ 和 $100.2 \times 10^{-8} m^3/kg$，平均值为 $45.8 \times 10^{-8} m^3/kg$；SIRM 的最小值和最大值分别为 $663 \times 10^{-6} Am^2/kg$ 和 $6502.2 \times 10^{-6} Am^2/kg$，平均值为 $4561.42 \times 10^{-6} Am^2/kg$。

在 86.1~98.16m 段发育的河流 – 河床相中，χ 的最小值和最大值分别为 $29.3 \times 10^{-8} m^3/kg$ 和 $243 \times 10^{-8} m^3/kg$，平均值为 $62.3 \times 10^{-8} m^3/kg$；$\chi_{ARM}$ 的最小值和最大值分别为 $19.8 \times 10^{-8} m^3/kg$ 和 $123.6 \times 10^{-8} m^3/kg$，平均值为 $59.7 \times 10^{-8} m^3/kg$；SIRM 的最小值和最大值分别为 $1009 \times 10^{-6} Am^2/kg$ 和 $6907.8 \times 10^{-6} Am^2/kg$，平均值为 $3021.2 \times 10^{-6} Am^2/kg$。

在 73.5~86.1m 发育的湖沼相中，χ 的最小值和最大值分别为 $11.4 \times 10^{-8} m^3/kg$ 和 $118.4 \times 10^{-8} m^3/kg$，平均值为 $40.8 \times 10^{-8} m^3/kg$；$\chi_{ARM}$ 的最小值和最大值分别为 $13.8 \times 10^{-8} m^3/kg$ 和 $114 \times 10^{-8} m^3/kg$，平均值为 $63.1 \times 10^{-8} m^3/kg$；SIRM 的最小值和最大值分别是 $620 \times 10^{-6} Am^2/kg$ 和 $8538.6 \times 10^{-6} Am^2/kg$，平均值为 $3428.4 \times 10^{-6} Am^2/kg$。结果表明：湖沼相沉积物中磁性矿物含量明显低于其他层位。

S–ratio 是指示样品中亚铁磁性矿物和不完整的反铁磁性矿物相对含量的磁学参数，并随着不完整的反铁磁性矿物贡献的增加而下降。如图 5–3 和表 5–3 所示，河漫滩 – 湖沼相（141.79~150m）的 S–ratio 介于 0.3~0.98，平均值为 0.65；河漫滩 – 河口相（130.16~141.79）的 S–ratio 介于 0.7~0.99，平均值为 0.89；湖沼相（125.6~130.16m）的 S–ratio 介于 0.6~0.94，平均值为 0.72；河床相（114.16~125.6m）的 S–ratio 介于 0.7~0.95，平均值为 0.88；河漫滩 – 河床相（98.16~114.16m）的 S–ratio 介于 0.8~0.98，平均值为 0.94，河流 – 河口相（86.1~98.16m）的 S–ratio 介于 0.8~1，平均值为 0.94；湖沼相（72.1~86.1m）中 S–ratio 介于 0.6~0.96，平均值为 0.77。S–ratio 值暗示了湖沼相中更多反铁磁性矿物的存在。

χ_{fd}% 主要用来表征样品中超顺磁（SP）磁颗粒含量多少，其值越高，说明存在更多 SP 颗粒。如图 5-3 和表 5-3 所示，河漫滩 – 湖沼相（141.79~150m）的 χ_{fd}% 介于 0.65%~12.7%，平均值为 4.66%；河漫滩 – 河口相（130.16~141.79m）的 χ_{fd}% 介于 1.25%~5.63%，平均值为 3.59%；湖沼相（125.6~130.16m）的 χ_{fd}% 介于 0.41%~8.51%，平均值为 5.27%；河床相（114.16~125.6m）的 χ_{fd}% 介于 1.79%~11.79%，平均值为 5.46%；河漫滩 – 河床相（98.16~114.16m）的 χ_{fd}% 介于 2.2%~10.46%，平均值为 4.33%，河流 – 河口相（86.1~98.16m）的 χ_{fd}% 介于 2.59%~6.73%，平均值为 3.87%；湖沼相（72.1~86.1m）中 χ_{fd}% 介于 2.2%~8.88%，平均值为 4.83%。说明 YZ07 钻孔中更新世晚期沉积物中磁性颗粒以 SP、SD 与 MD 混合成分为主。

χ_{ARM}/χ、χ_{ARM}/SIRM 和 SIRM/χ 等磁参数比值通常可以用来指示磁性矿物的颗粒粗细特征。ARM 受到磁性矿物晶粒大小的影响显著，尤其对细颗粒单畴磁性矿物更为敏感。磁性矿物的颗粒越小，χ_{ARM}/χ、χ_{ARM}/SIRM 和 SIRM/χ 的比值越大，而低值则反映样品中以粗颗粒的 MD 或接近多畴的 PSD 为主。SIRM/χ 能指示磁性矿物种类的变化，如果土壤中有多相磁性矿物的存在，其 SIRM/χ 成分散的点分布，线性差；相反，如果沉积物中只有一种磁性矿物存在或是一种磁性矿物含量占绝对优势，即使磁性矿物颗粒大小发生变化，SIRM/χ 也将呈线性相关。如图 5-2 和表 5-4 所示，由于 YZ07 钻孔中更新世时期不同，沉积物中主导磁性矿物种类不同，因此不能简单地利用 χ_{ARM}/χ、χ_{ARM}/SIRM 和 SIRM/χ 来判断磁性矿物的粒径。

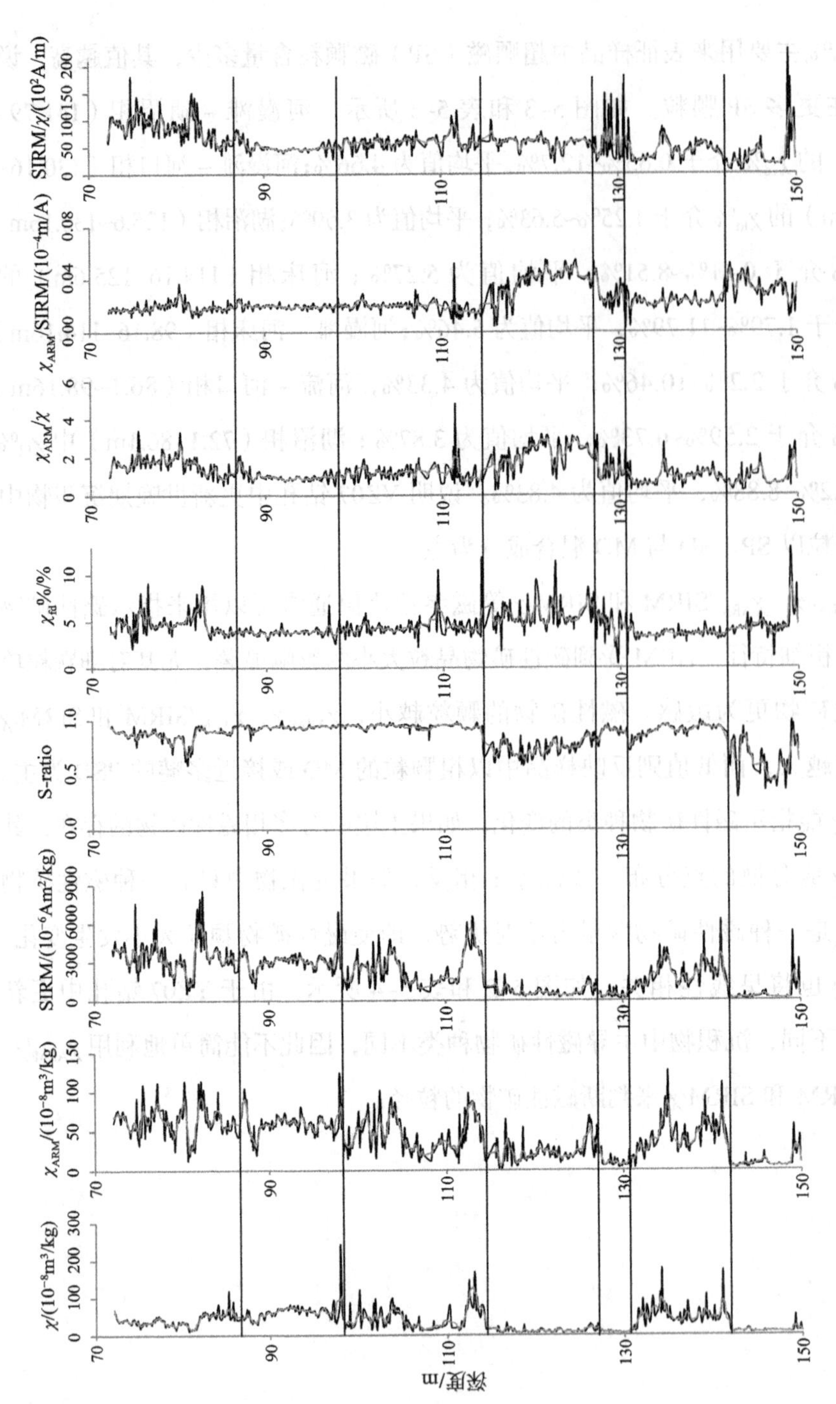

图 5-2 YZ07孔中更新世晚期磁学参数变化曲线（黑线为原始数据，灰线为五点平滑数据）

表 5-4　YZ07 孔中更新世晚期磁学参数

分层	$\chi/(10^{-8}m^3/kg)$			$\chi_{ARM}/(10^{-8}m^3/kg)$			$SIRM/(10^{-6}Am^2/kg)$			S-ratio		
	min	max	mean	min	max	mean	min	max	mean	min	max	mean
河漫滩－湖沼相（141.79~150.00m）	6.06	51.97	10.5	2.89	57.28	9.99	63.1	5311.6	436.79	0.3	0.98	0.65
河漫滩－河口相（130.16~141.79m）	5.93	177	49.7	1.45	126.2	42.7	142	6235.9	1989	0.7	0.99	0.89
湖沼相（125.60~130.16m）	4.7	27.9	10.6	3.67	67.55	17	116	1734.3	602.02	0.6	0.94	0.72
河床相（114.16~125.60m）	4.22	31.31	9.87	1.76	62.27	20.1	214	2205	576.67	0.7	0.95	0.88
河漫滩－河床相（98.16~114.16m）	10.5	166.5	45.6	9.7	100.2	45.8	663	6502.2	4561.4	0.8	0.98	0.94
河口相（86.10~98.16m）	29.3	243	62.3	19.8	123.6	59.7	1009	6907.8	3021.2	0.8	1	0.94
湖沼相（73.50~86.10m）	11.4	118.4	40.8	13.8	114	63.1	620	8538.6	3428.4	0.6	0.96	0.77

分层	$\chi_{fd}\%/(\%)$			χ_{ARM}/χ			$\chi_{ARM}/SIRM/(10^{-4}m/A)$			$SIRM/\chi/(10^2A/m)$		
	min	max	mean	min	max	mean	min	max	mean	min	max	mean
河漫滩－湖沼相（141.79~150.00m）	0.65	12.7	4.66	0.22	2.68	0.92	0.01	0.0514	0.0331	4.8	229	34.7
河漫滩－河口相（130.16~141.79m）	1.25	5.63	3.59	0.16	2.7	0.95	0	0.0397	0.0224	15	164	43.7
湖沼相（125.60~130.16m）	0.41	8.51	5.27	0.53	3.09	1.62	0	0.0533	0.0307	21	148	56.8
河床相（114.16~125.60m）	1.79	11.79	5.46	0.28	3.14	2.09	0	0.0545	0.0368	18	99.1	57.9
河漫滩－河床相（98.16~114.16m）	2.2	10.46	4.33	0.44	4.78	1.17	0.01	0.0517	0.0194	31	117	59.3
河口相（86.10~98.16m）	2.59	6.73	3.87	0.51	2.07	1	0.02	0.0255	0.0198	28	83	50.2
湖沼相（73.50~86.10m）	2.2	8.88	4.83	0.54	2.05	1.65	0.01	0.247	0.0191	35	142	87.2

5.3.1.3 高温 κ–T 曲线

如图 5–3 所示，分别选取湖沼相（73.5~86.10m，样品：677）、河流－河口相（86.1~98.16m，样品：783）、河漫滩－河床相（98.16~114.16m，样品：916）、河床相（114.16~125.6m，样品:1031）、湖沼相（125.60~130.16m，样品:1098）、河漫滩－河口相（130.16~141.79m，样品：1145）、河漫滩－湖沼相（141.79~150m，样品：1245）。从高温 κ–T 曲线测试结果可以看出，选自湖沼相沉积物的样品加热曲线随温度的升高缓慢降低，直至 675℃降至基值，表明样品中主导磁性矿物为赤铁矿。其他层位样品的加热曲线随温度的升高缓慢降低，在 580℃急剧降低，表明样品中主导磁载体是磁铁矿，直至 675℃降至基值，暗示了赤铁矿的存在。

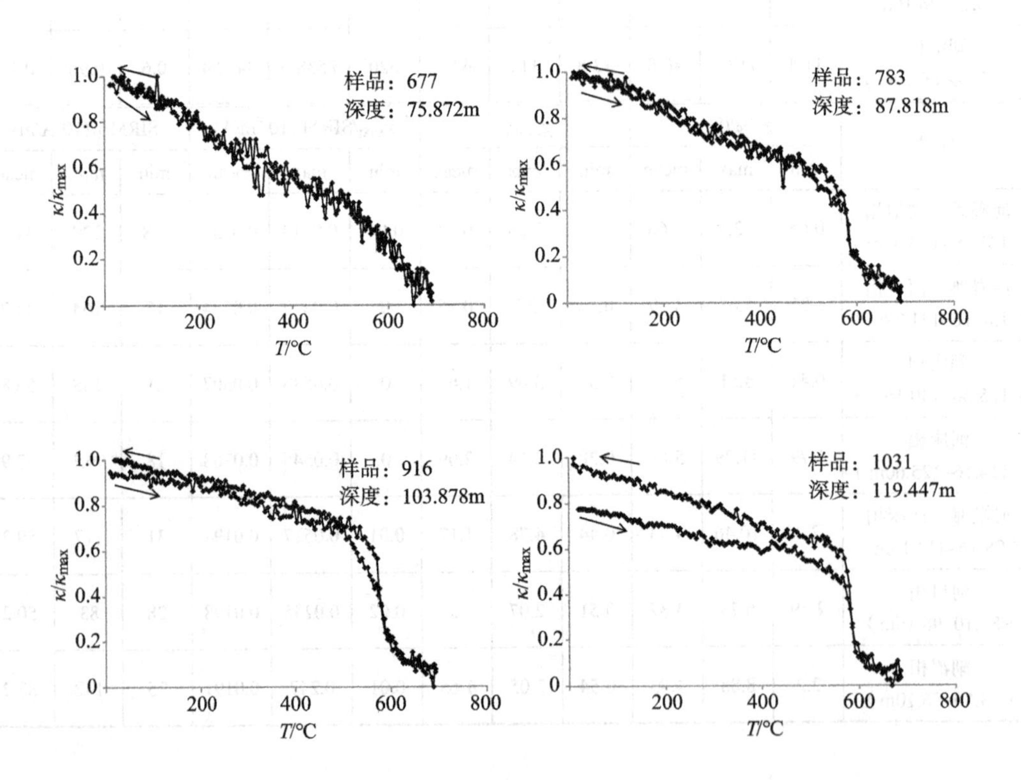

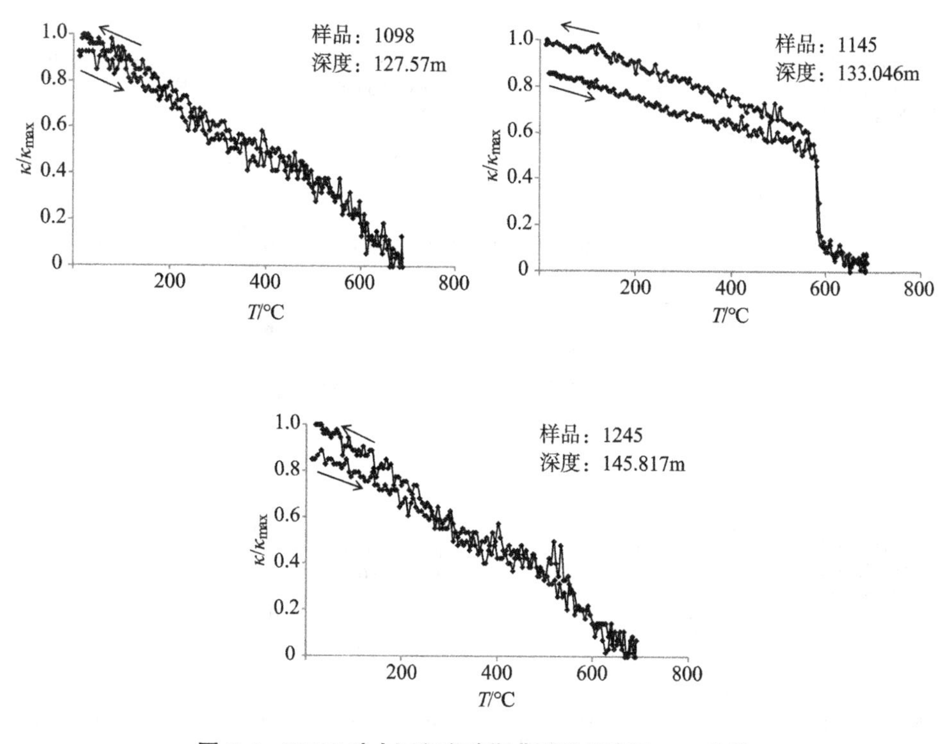

图 5-3　YZ07 孔中更新世晚期典型样品高温 κ-T 曲线

5.3.1.4　磁滞回线

如图 5-4 所示，样品 783、916、1031、1145 的磁滞回线的原始曲线与经顺磁性矫正的曲线形态上差别不大，均在 300mT 形成闭合曲线，代表了主导磁性矿物为软磁性矿物，其他样品（677、1098、1245）矫正过的磁滞回线在 300mT 的外加磁场并未完全闭合，同时原始曲线在 300mT 以上的外加磁场中磁化强度仍然随磁场的增加呈线性增加，暗示了更多硬磁性矿物的存在。

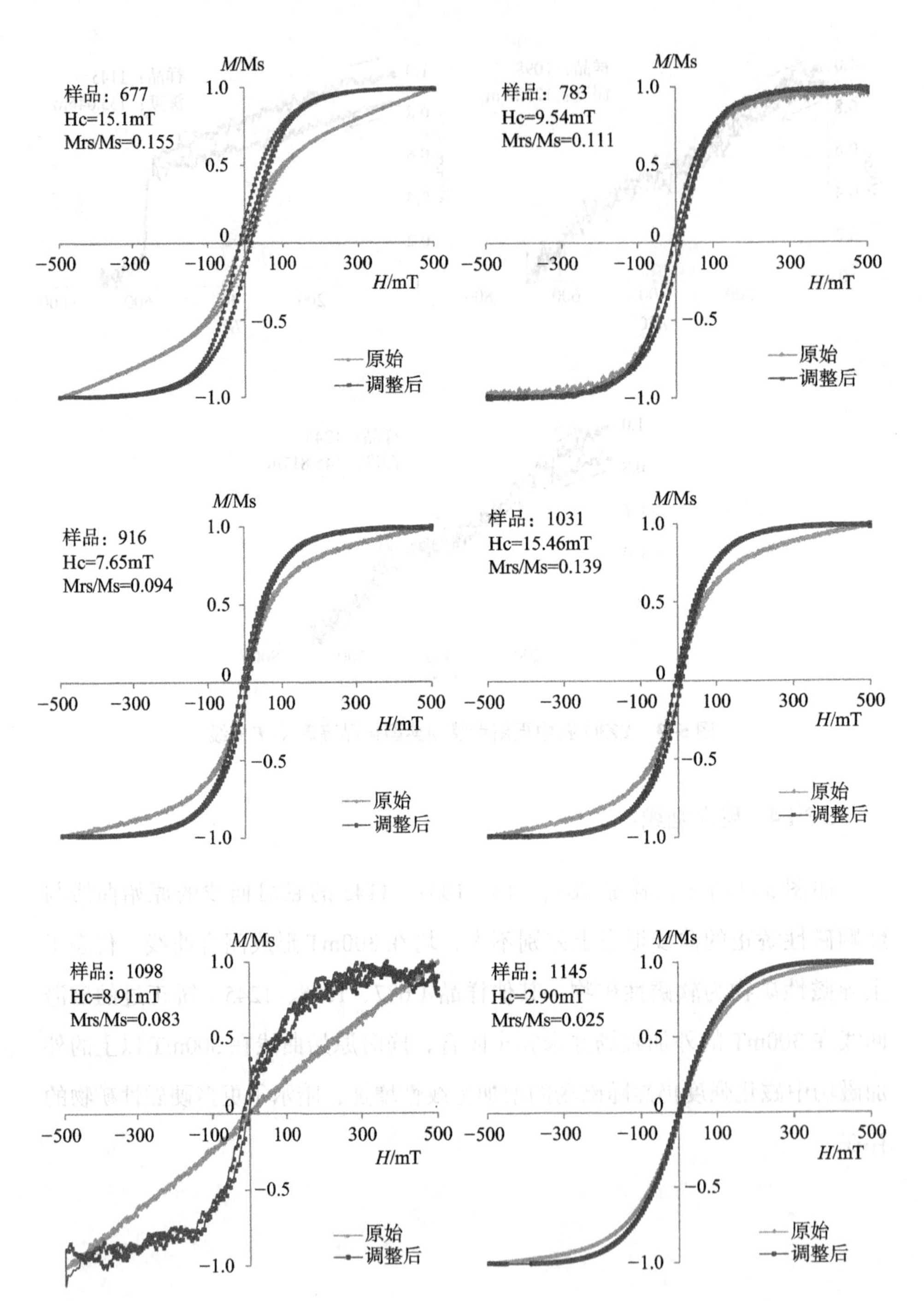
M/Ms
样品：677
Hc=15.1mT
Mrs/Ms=0.155
H/mT
原始
调整后
样品：783
Hc=9.54mT
Mrs/Ms=0.111
样品：916
Hc=7.65mT
Mrs/Ms=0.094
样品：1031
Hc=15.46mT
Mrs/Ms=0.139
样品：1098
Hc=8.91mT
Mrs/Ms=0.083
样品：1145
Hc=2.90mT
Mrs/Ms=0.025
1.0
0.5
0
−0.5
−1.0
−500
−300
−100
100
300
500

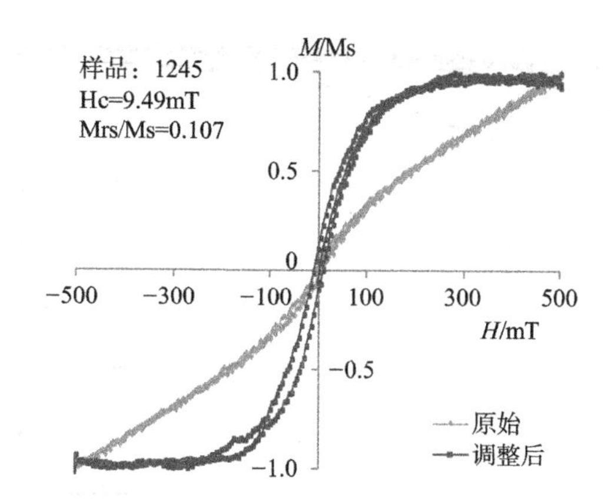

图 5-4　YZ07 孔中更新世晚期典型样品磁滞回线

5.3.1.5　IRM 获得曲线和退磁曲线

从 IRM 获得曲线中可以看出，选自湖沼相的样品（677、1098、1245）在 300mT 仅达到 SIRM 的 75% 左右，表明样品中含有大量的硬磁性矿物，其他层位的样品（783、916、1031、1145）在 300mT 达到 SIRM 的 90%，暗示了样品中主要以软磁性矿物为主导。同时退磁曲线也表明：湖沼相的样品（677、1098、1245）的 Hcr 高于 50mT，表明样品中含有大量的硬磁性矿物。其他层位的样品（783、916、1031、1145）的 Hcr 小于 50mT，表明样品磁性矿物主要以软磁性矿物为主导（图 5-5）。

5.3.1.6　高斯累计（CLG）模型

取自河流 – 河口相的 890 号样品（深度 91.64m）第一组分的 $B_{1/2}$ 为 36.3mT，属于低矫顽力软磁性矿物组分，第二组分的 $B_{1/2}$ 为 631.0mT，属于高矫顽力的硬磁性矿物组分。样品中第一、二组分对 SIRM 的贡献分别为 96% 和 4%，表明样品中以低矫顽力的软磁性矿物为主。

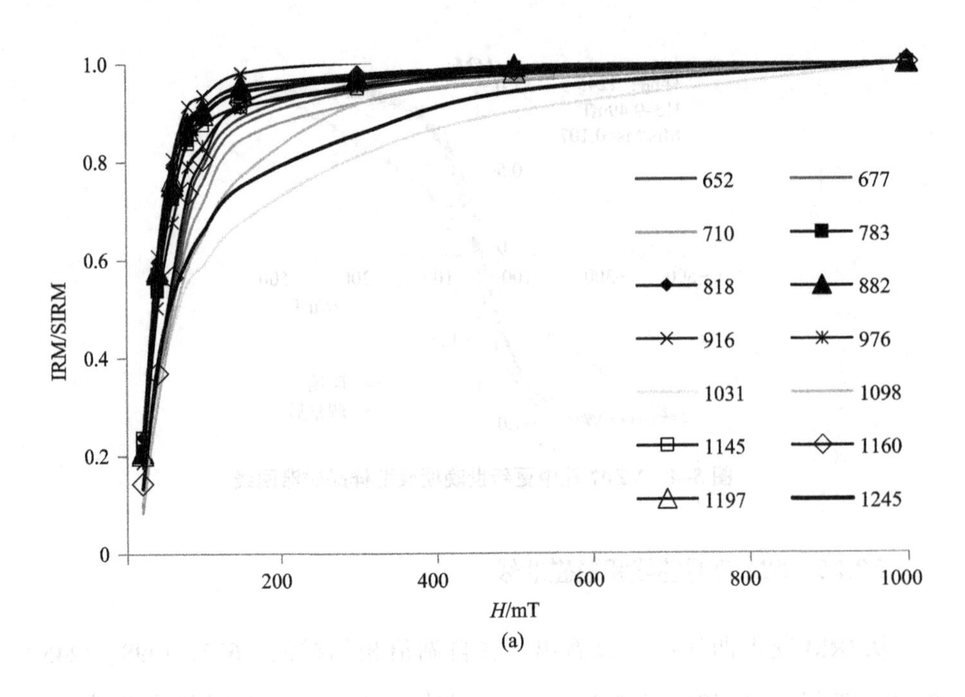

(a)

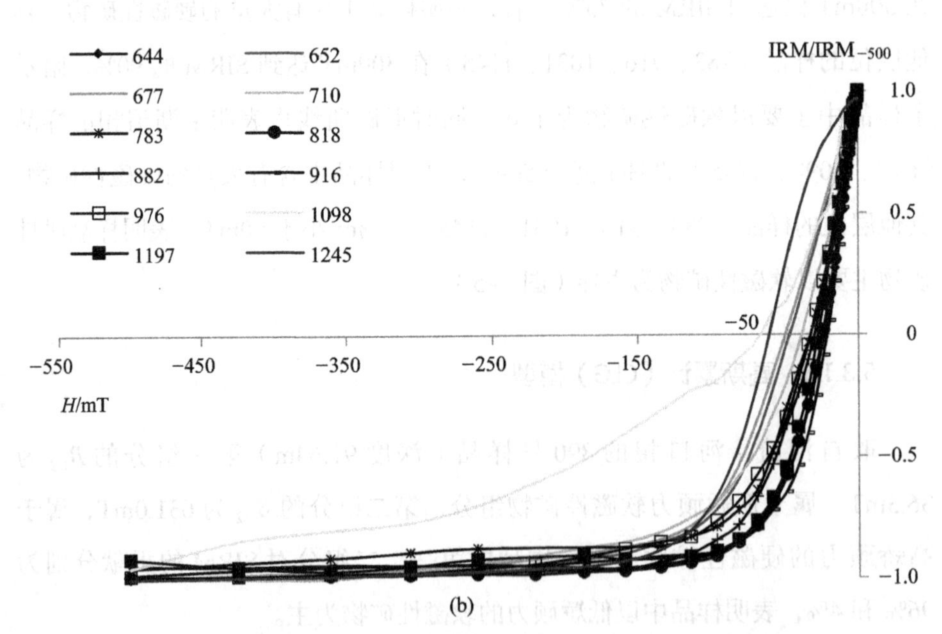

(b)

图 5-5　YZ07 孔中更新世晚期典型样品 IRM 获得曲线（a）和退磁曲线（b）

笔者进一步利用奎贝尔等（Kruiver et al.，2001）提出的高斯累计模型来定量地对IRM获得曲线进行分解，其结果如图5-6和表5-5所示。所有样品的IRM获得曲线都可以分为两个组分。取自湖沼相的790号样品（深度81.54m）第一组分的$B_{1/2}$为42.7mT，属于低矫顽力软磁性矿物组分，第二组分的$B_{1/2}$为316.2mT，属于高矫顽力的应磁性矿物组分。样品中第一、二组分对SIRM的贡献分别为32%和68%，表明样品中以高矫顽力的硬磁性矿物为主。

取自河漫滩－河口相的1040号样品（深度108.8m）第一组分的$B_{1/2}$为39.8mT，属于低矫顽力软磁性矿物组分，第二组分的$B_{1/2}$为398.1mT，属于高矫顽力的硬磁性矿物组分。样品中第一、二组分对SIRM的贡献分别为95%和5%，表明样品中以低矫顽力的软磁性矿物为主。

取自河床相的1100号样品（深度116.86m）第一组分的$B_{1/2}$为50.1mT，属于低矫顽力软磁性矿物组分，第二组分的$B_{1/2}$为446.7mT，属于高矫顽力的硬磁性矿物组分。样品中第一、二组分对SIRM的贡献分别为84%和16%，表明样品中以低矫顽力的软磁性矿物为主。

取自湖沼相的1220号样品（深度129.93m）第一组分的$B_{1/2}$为50.1mT，属于低矫顽力软磁性矿物组分，第二组分的$B_{1/2}$为225.9mT，属于高矫顽力的硬磁性矿物组分。样品中第一、二组分对SIRM的贡献分别为45%和55%，表明样品中以高矫顽力的硬磁性矿物为主。

取自河漫滩河口相的1270号样品（深度135.253m）第一组分的$B_{1/2}$为47.9mT，属于低矫顽力软磁性矿物组分，第二组分的$B_{1/2}$为398.1mT，属于高矫顽力的硬磁性矿物组分。样品中第一、二组分对SIRM的贡献分别为95%和5%，表明样品中以低矫顽力的软磁性矿物为主。

取自河漫滩－湖沼相的1380号样品（深度147.883m）第一组分的$B_{1/2}$为39.8mT，属于低矫顽力软磁性矿物组分，第二组分的$B_{1/2}$为251.2mT，属于高矫顽力的硬磁性矿物组分。样品中第一、二组分对SIRM的贡献分别为43%和57%，表明样品中以高矫顽力的硬磁性矿物为主。

表 5–5　南黄海辐射沙脊群 YZ07 孔中更新世晚期典型样品高斯累计模型数据

样品编号	组分	log（$B_{1/2}$）	$B_{1/2}$/mT	贡献 /%	离散程度
790	1	1.63	42.7	32	0.31
	2	2.50	316.2	68	0.45
890	1	1.56	36.3	96	0.34
	2	2.80	631.0	4	0.45
1040	1	1.60	39.8	95	0.35
	2	2.60	398.1	5	0.45
1100	1	1.70	50.1	84	0.38
	2	2.65	446.7	16	0.45
1220	1	1.70	50.1	45	0.32
	2	2.10	225.9	55	0.40
1270	1	1.68	47.9	95	0.35
	2	2.60	398.1	5	1.20
1380	1	1.60	39.8	43	0.35
	2	2.40	251.2	57	0.45

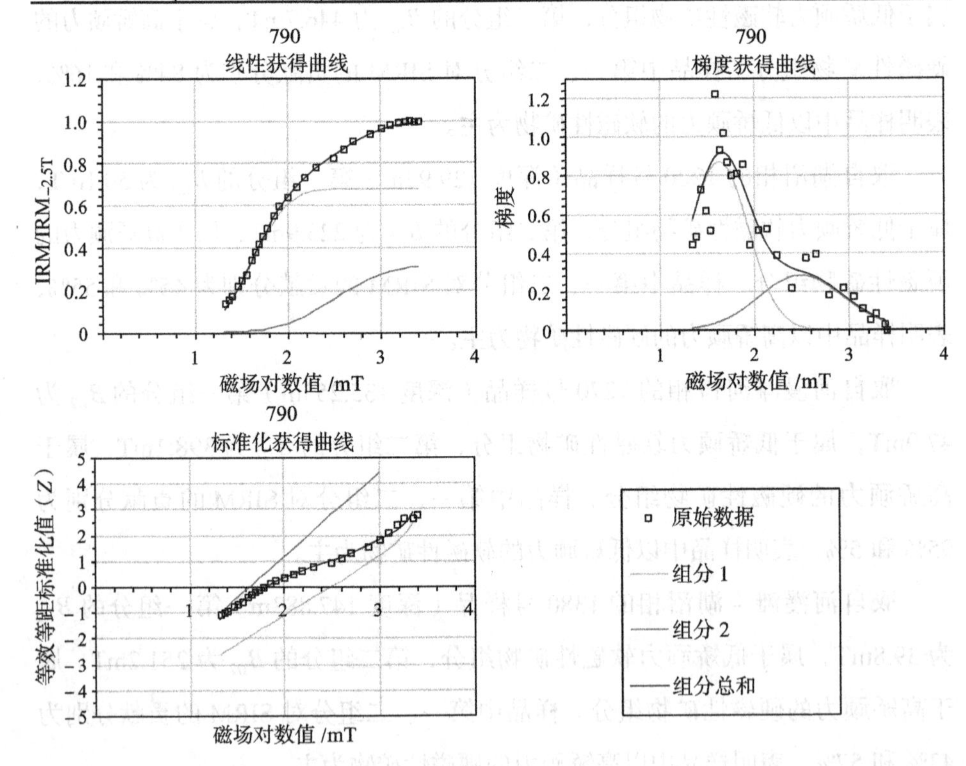

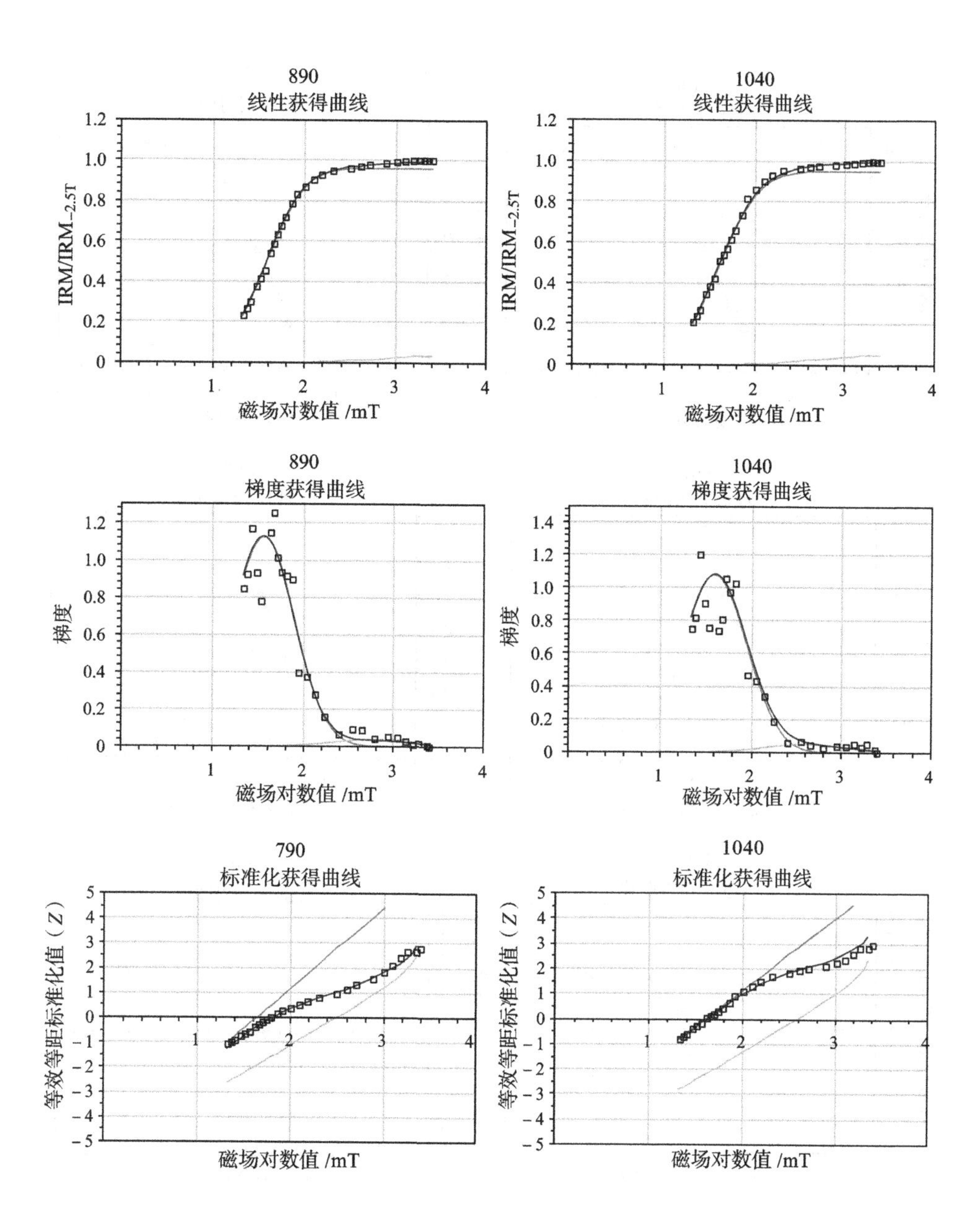
890
线性获得曲线
IRM/IRM−2.5T
磁场对数值 /mT
1040
线性获得曲线
IRM/IRM−2.5T
磁场对数值 /mT
890
梯度获得曲线
梯度
磁场对数值 /mT
1040
梯度获得曲线
梯度
磁场对数值 /mT
790
标准化获得曲线
等效等距标准化值（Z）
磁场对数值 /mT
1040
标准化获得曲线
等效等距标准化值（Z）
磁场对数值 /mT

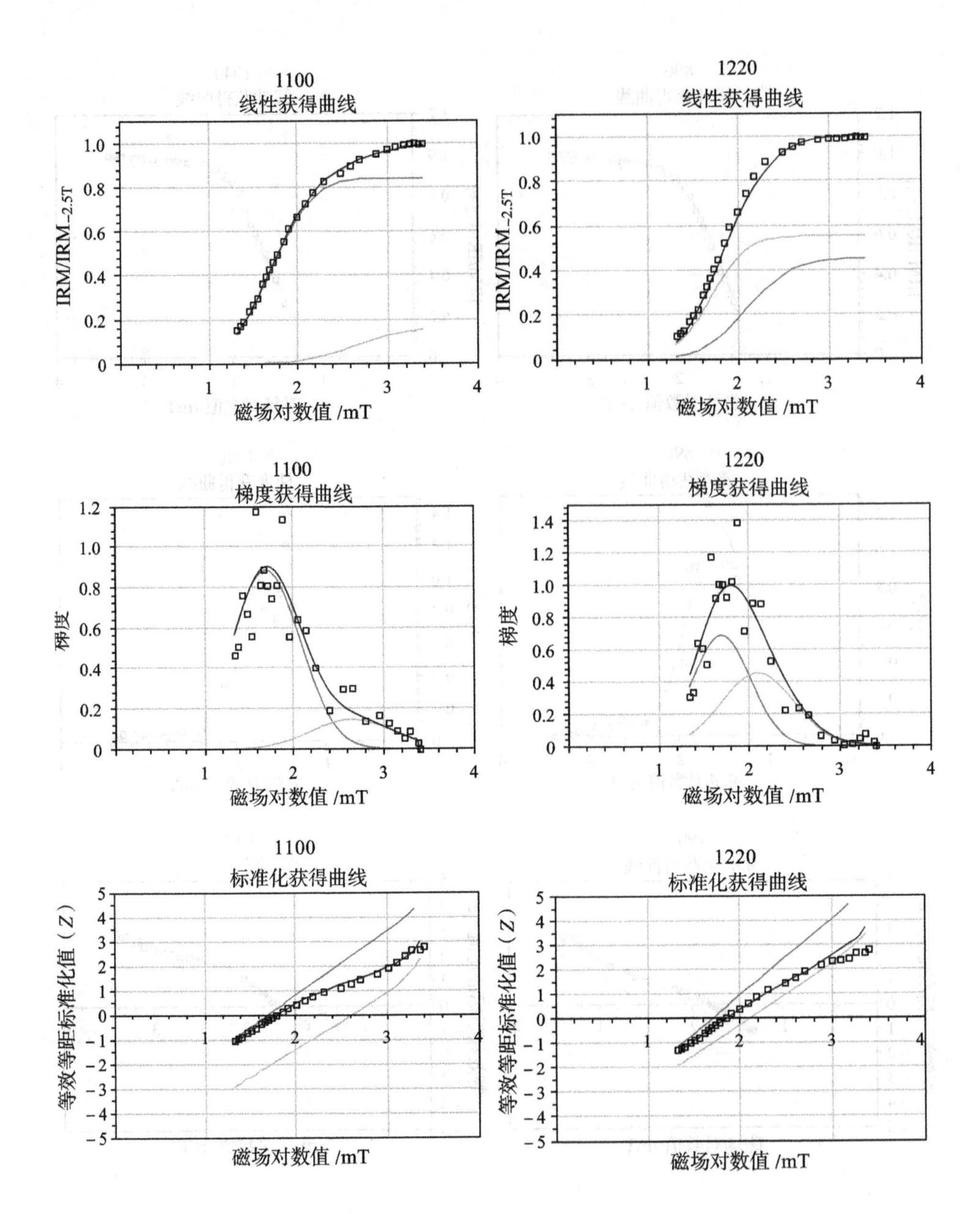
1100
线性获得曲线
IRM/IRM$_{-2.5T}$
磁场对数值 /mT
1220
线性获得曲线
IRM/IRM$_{-2.5T}$
磁场对数值 /mT
1100
梯度获得曲线
梯度
磁场对数值 /mT
1220
梯度获得曲线
梯度
磁场对数值 /mT
1100
标准化获得曲线
等效等距标准化值（Z）
磁场对数值 /mT
1220
标准化获得曲线
等效等距标准化值（Z）
磁场对数值 /mT

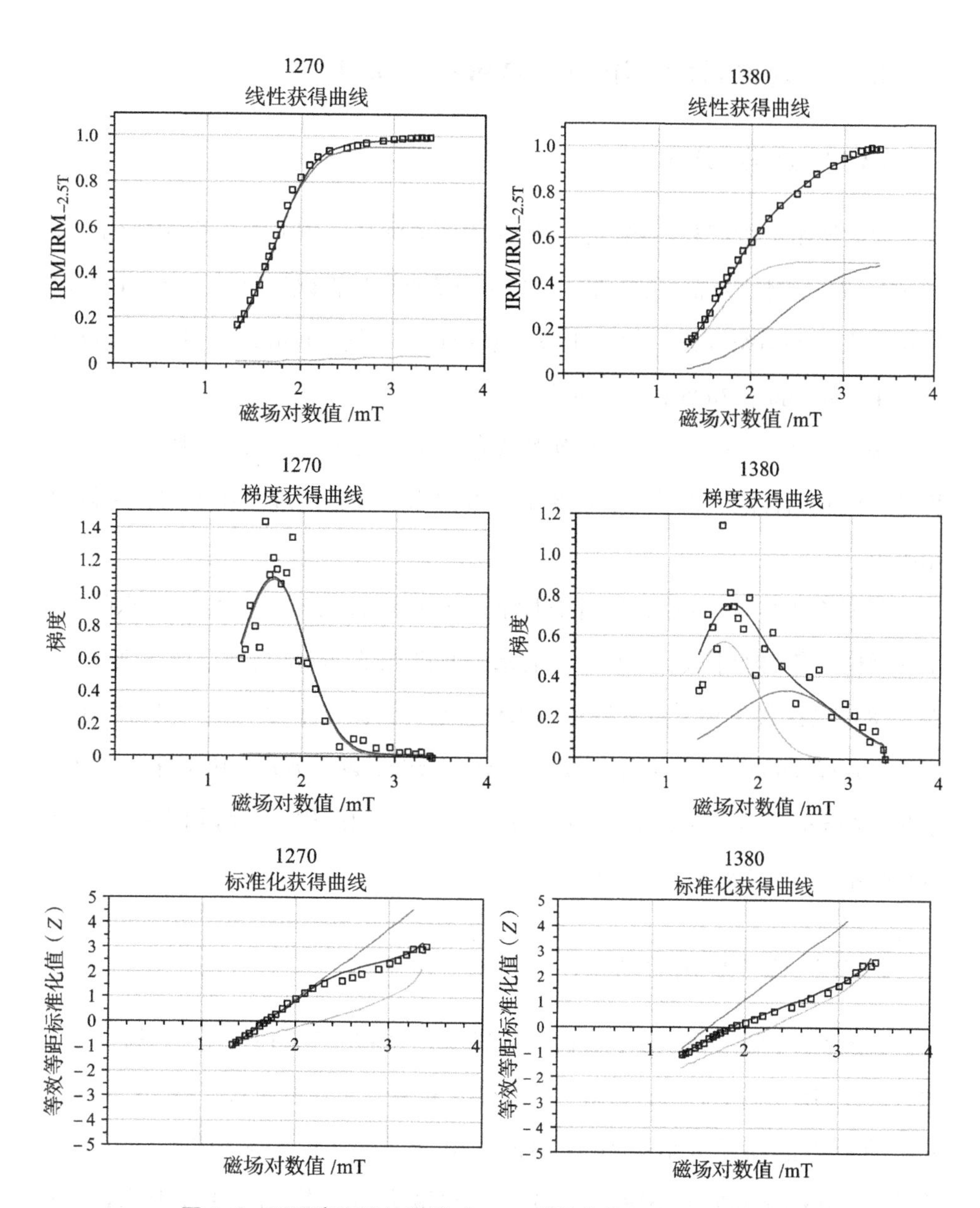

图 5-6　利用高斯累计模型对 IRM 获得曲线组分进行定量分解

5.3.2 晚更新世的早期（53.96~73.5m）

5.3.2.1 沉积相分析

此时期由两段沉积层构成，反映了由河流河口相到滨海沉积相变化。在55~68m处极磁性表现为负极性，相当于布莱克负极性磁性反转事件。该套沉积年代在128~70ka B.P.，相当于海洋氧同位素5期（Lowe，Walker，1997；Lisiecki，Raymo，2005；方念乔等，2004）。

深度64.6~73.5m段，以浅橄榄灰色中砂和细砂为主，含黏土细砂和粉砂，浅灰色含泥、细砂层，隐现砂泥互层组成波状层理，属于河口－滨海相沉积。

深度54.98~64.6m段，底部有卵石级石英颗粒层与下伏8段沉积间断。由浅橄榄灰色细砂组成，均质，具有水平波状层理，局部夹黏土质粉细砂条。在55.8~62.8m段出现大量滨海相咸水种腹足类古微体生物化石，包括白小旋螺（*Gyraulus albus*）、长角副豆螺（*Parabithynia lognicornis*）和无背卷蝾螺比较种（*Turbonilla* cf. *nonnola Nomuta*），指示滨海相沉积。该海相生物组合和沉积指示了MIS5海相层（MT3）。

5.3.2.2 磁性参数垂直变化

如图5–7和表5–6所示，在河口－滨海相（64.6~73.5m）中，χ的最小值和最大值分别是$28.2\times10^{-8}m^3/kg$和$134.2\times10^{-8}m^3/kg$，平均值为$65.27\times10^{-8}m^3/kg$；χ_{ARM}的最小值和最大值分别为$48.58\times10^{-8}m^3/kg$和$125.3\times10^{-8}m^3/kg$，平均值为$84.70\times10^{-8}m^3/kg$；SIRM的最小值和最大值分别为$2316\times10^{-6}Am^2/kg$和$6564.8\times10^{-6}Am^2/kg$，平均值为$4167.9\times10^{-6}Am^2/kg$；S–ratio的最小值和最大值分别为0.92和0.97，平均值为0.96；χ_{fd}%的最小值和最大值分别为2.45%和4.84%，平均值为3.98%；χ_{ARM}/χ的最小值和最大值分别为0.76和

1.83，平均值为 1.37；χ_{ARM}/SIRM 的最小值和最大值分别为 0.017×10^{-4}m/A 和 0.0262×10^{-4}m/A，平均值为 0.0204×10^{-4}m/A；SIRM/χ 的最小值和最大值分别为 40×10^{2}A/m 和 84.59×10^{2}A/m，平均值为 66.77×10^{2}A/m。

潮滩－河口相（54.98~65.6m）中 χ 的最小值和最大值分别是 26.89×10^{-8}m^3/kg 和 197.8×10^{-8}m^3/kg，平均值为 72.8×10^{-8}m^3/kg；χ_{ARM} 的最小值和最大值分别为 40.91×10^{-8}m^3/kg 和 174.6×10^{-8}m^3/kg，平均值为 76.06×10^{-8}m^3/kg；SIRM 的最小值和最大值分别为 1613×10^{-6}Am^2/kg 和 9990.2×10^{-6}Am^2/kg，平均值为 3759.2×10^{-6}Am^2/kg；S–ratio 的最小值和最大值分别为 0.87 和 0.96，平均值为 0.93；χ_{fd}% 的最小值和最大值分别为 2.6% 和 5.4%，平均值为 3.94%；χ_{ARM}/χ 的最小值和最大值分别为 0.53 和 2.53，平均值为 1.13；χ_{ARM}/SIRM 的最小值和最大值分别为 0.011×10^{-4}m/A 和 0.0429×10^{-4}m/A，平均值为 0.0208×10^{-4}m/A；SIRM/χ 的最小值和最大值分别为 36×10^{2}A/m 和 75.31×10^{2}A/m，平均值为 53.87×10^{2}A/m。河口－滨海相与潮滩－河口相相比，磁性矿物含量以及磁性矿物粒度相差不大，S–ratio 的值接近，表明 YZ07 孔晚更新世早期沉积物中的磁性矿物主要以亚铁磁性矿物为主导。

表 5–6　YZ07 孔晚更新世早期磁学参数

分层	χ/(10^{-8}m^3/kg)			χ_{ARM}/(10^{-8}m^3/kg)			SIRM/(10^{-6}Am^2/kg)			S–ratio		
	min	max	mean	min	max	mean	min	max	mean	min	max	mean
河口－滨海相（64.6~73.5m）	28.2	134.2	65.27	48.58	125.3	84.70	2316	6564.8	4167.9	0.92	0.97	0.96
潮滩－河口相（54.98~64.6m）	26.89	197.8	72.8	40.91	174.6	76.06	1613	9990.2	3759.2	0.87	0.96	0.93

分层	χ_{fd}%/%			χ_{ARM}/χ			χ_{ARM}/SIRM/(10^{-4}m/A)			SIRM/χ/(10^{2}A/m)		
	min	max	mean	min	max	mean	min	max	mean	min	max	mean
河口－滨海相（64.6~73.5m）	2.45	4.84	3.98	0.76	1.83	1.37	0.017	0.0262	0.0204	40	84.59	66.77
潮滩－河口相（54.98~64.6m）	2.6	5.4	3.94	0.53	2.53	1.13	0.011	0.0429	0.0208	36	75.31	53.87

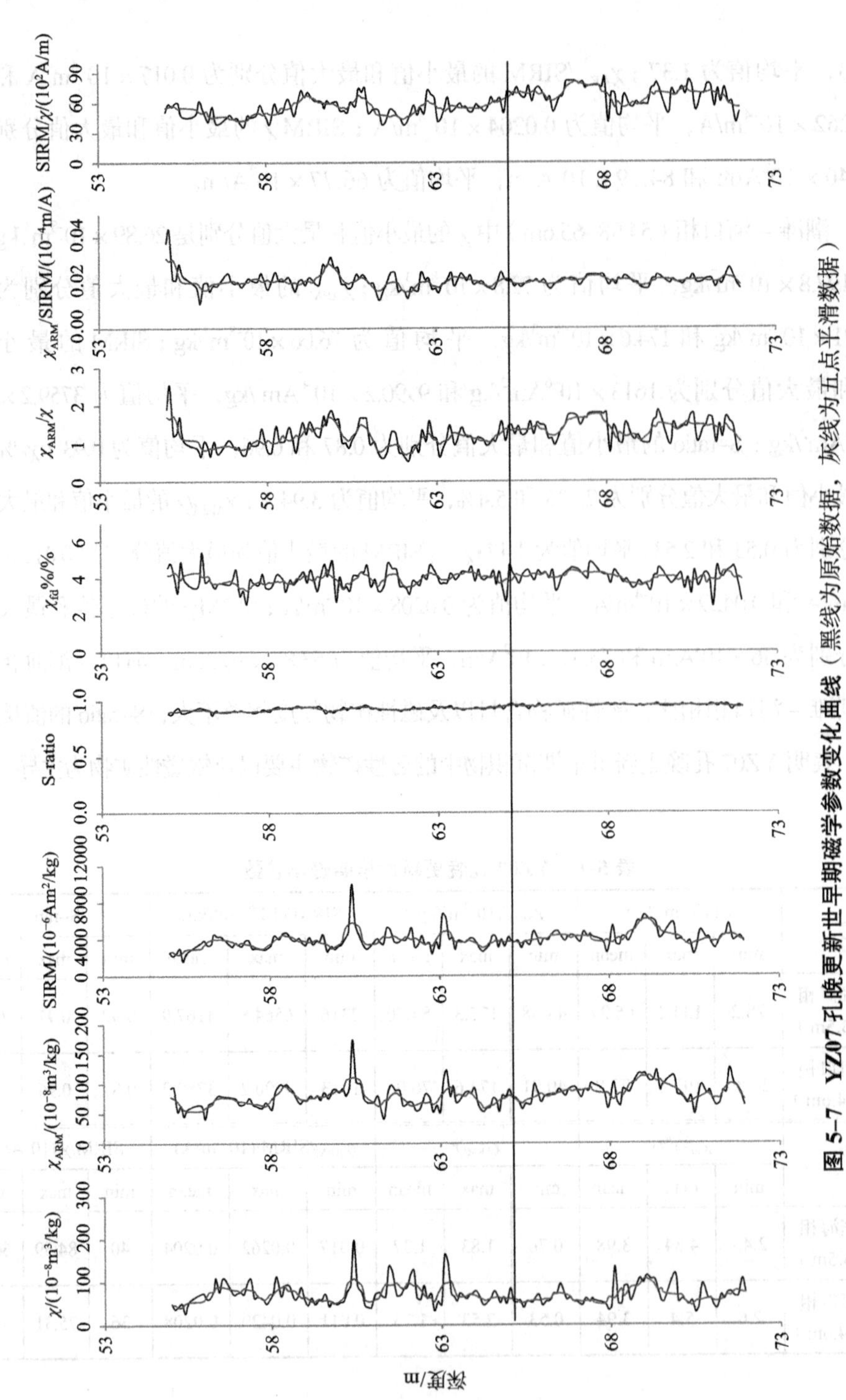

图 5-7　YZ07孔晚更新世早期磁学参数变化曲线（黑线为原始数据，灰线为五点平滑数据）

5.3.2.3　高温 κ–T 曲线

如图 5–8 所示，选自河口 – 滨海相的 503 号样品和选自潮滩 – 河口相的 577 号样品的加热曲线随温度的升高缓慢降低，在 580℃急剧降低，表明样品中主导磁载体是磁铁矿，直至 675℃降至基值，暗示了赤铁矿的存在。

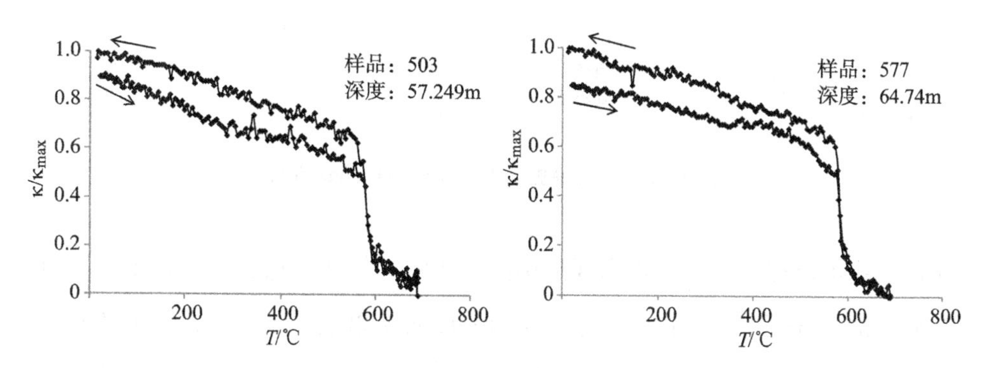

图 5–8　YZ07 孔晚更新世早期典型样品高温 κ–T 曲线

5.3.2.4　磁滞回线

如果样品中以软磁性矿物为主导，那么磁滞回线会表现出明显的饱和趋势，且在 300mT 以下的外加场中闭合。如图 5–9 所示，选自河口 – 滨海相的 503 号样品和选自潮滩 – 河口相的 577 号样品的磁滞回线在 300mT 时形成闭合曲线，表明样品中主要以软磁性矿物为主导，同时原始曲线在 300mT 以上时呈现增加的曲线，表明样品中含有少量的硬磁性矿物。

5.3.2.5　IRM 获得曲线和退磁曲线

一般来说，顺磁性矿物对 IRM 没有贡献，亚铁磁性矿物（如磁铁矿、磁赤铁矿等）在 300mT 的外加磁场下就可以达到饱和，而不完全反铁磁性矿物（如针铁矿、赤铁矿等）在 1T 的外加磁场中尚不能到达饱和，因此利用 IRM

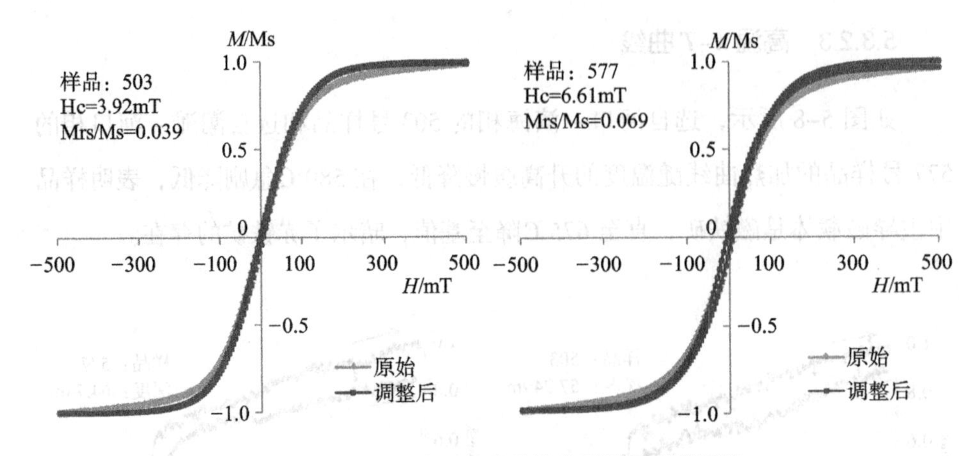

图 5-9　YZ07 孔晚更新世早期典型样品磁滞回线

获得曲线可以很容易地分辨出样品中磁性矿物的软硬信息。图 5-10 显示，所有样品的 IRM 在 300mT 时均达到 SRIM 的 90% 以上，表明样品中磁性矿物主要是软磁性矿物。退磁曲线表明，所有样品的 Hcr 在 25mT 左右，也指示了样品中以软磁性矿物为主导。

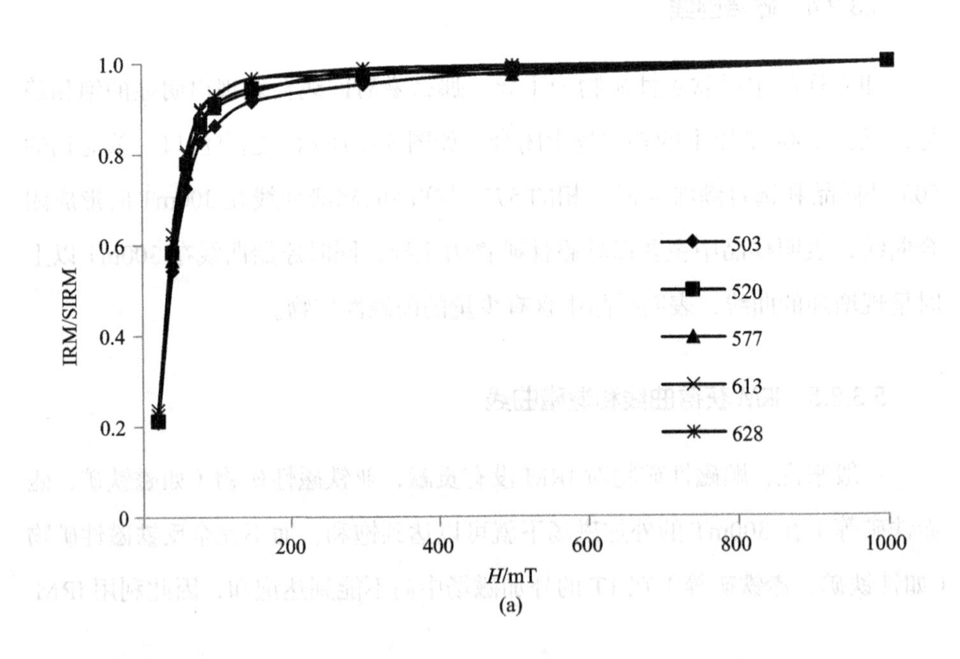

(a)

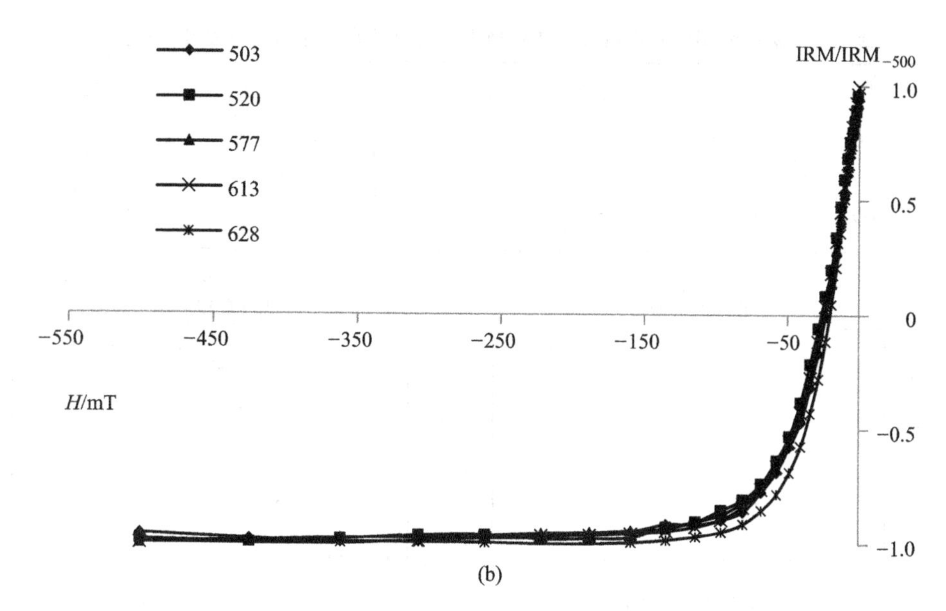

图 5–10　YZ07 孔晚更新世早期典型样品 IRM 获得曲线（a）和退磁曲线（b）

5.3.2.6　高斯累计（CLG）模型

笔者进一步利用高斯累计模型来定量对 IRM 获得曲线进行分解，其结果如图 5–11 和表 5–7 所示。所有样品的 IRM 获得曲线都可以分为两个组分。取自潮滩 – 河口相的 570 号样品（深度 58.97m）的第一组分的 $B_{1/2}$ 为 34.7mT，属于低矫顽力软磁性矿物组分，第二组分的 $B_{1/2}$ 为 258.9mT，属于高矫顽力的应磁性矿物组分。样品中第一、二组分对 SIRM 的贡献分别为 98% 和 2%，表明样品中以低矫顽力的软磁性矿物为主。取自河口 – 滨海相的 650 号样品（深度 67.057m）的第一组分的 $B_{1/2}$ 为 33.1mT，属于低矫顽力软磁性矿物组分，第二组分的 $B_{1/2}$ 为 199.5mT，属于高矫顽力的应磁性矿物组分。样品中第一、二组分对 SIRM 的贡献分别为 92% 和 8%，表明样品中以低矫顽力的软磁性矿物为主。

表 5-7　南黄海辐射沙脊群 YZ07 孔晚更新世早期典型样品高斯累计模型数据

样品编号	组分	log（$B_{1/2}$）	$B_{1/2}$/mT	贡献 /%	离散程度
570	1	1.54	34.7	98	0.35
	2	3.10	258.9	2	0.31
650	1	1.52	33.1	92	0.32
	2	2.30	199.5	8	0.45

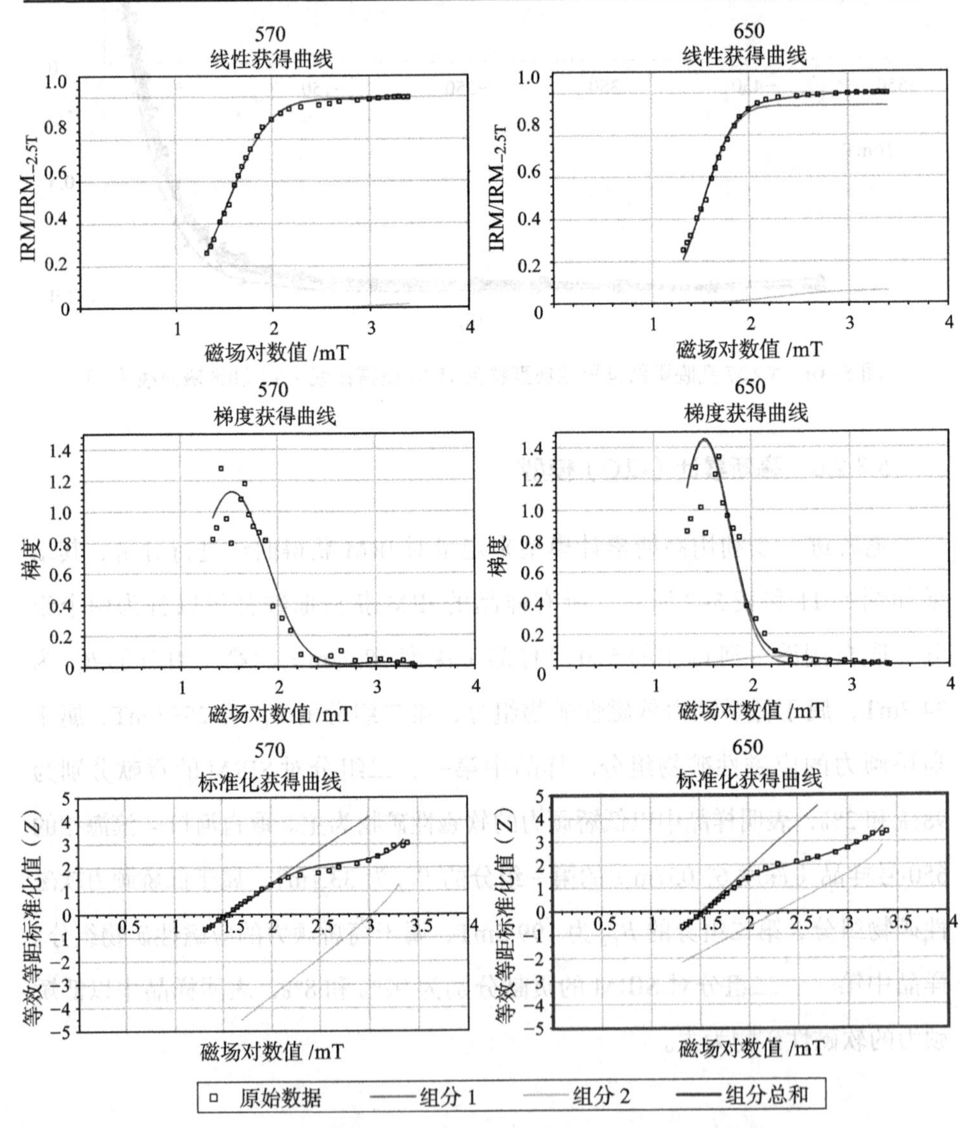

图 5-11　利用高斯累计模型对 IRM 获得曲线组分进行定量分解

5.3.3　晚更新世的中期（52.1~54.98m）

5.3.3.1　沉积相分析

深度 53.96~54.98m 段，以浅橄榄灰色细砂为主，隐现橄榄棕色含黏土粉砂薄层，黏土层厚度为 3~6m。顶部浅橄榄灰色细砂与橄榄棕色黏土质粉砂互层，黏土层厚度为 4~18mm，砂层厚度为 5~10mm。该段黏土层属于滨海－河口相沉积。

深度 52.1~53.96m 段，由橄榄棕色黏土、浅橄榄灰色粗粉砂构成，砂泥互层呈波状层理。下部黄绿色含砾含黏土质粉砂细砂层，含 Fe–Mn 结合（5~7mm）、贝壳碎屑、螺壳（5mm × 8mm）、石英粒（粒径 <1.5mm）。底部黏土见到大量白色小螺碎屑，在 52.8m 处的样品鉴别到淡水种纹沼螺（*P. striatulus Bensen*），属于河流－河漫滩相沉积。

根据上下层位关系，估计该段沉积年代介于 70~55ka B.P.，对应海洋氧同位素 4 期（MIS4）（Lowe，Walker，1997；Lisiecki，Raymo，2005）。

5.3.3.2　磁性参数垂直变化

如图 5–12 和表 5–8 所示，在滨海－河口相（53.96~54.98m）中，χ 的最小值和最大值分别为 $50.75\times10^{-8}m^3/kg$ 和 $216.1\times10^{-8}m^3/kg$，平均值为 $85.26\times10^{-8}m^3/kg$；χ_{ARM} 的最小值和最大值分别为 $59.12\times10^{-8}m^3/kg$ 和 $103.7\times10^{-8}m^3/kg$，平均值为 $82.77\times10^{-8}m^3/kg$；SIRM 的最小值和最大值分别为 $2530\times10^{-6}Am^2/kg$ 和 $6205.9\times10^{-6}Am^2/kg$，平均值为 $3366.8\times10^{-6}Am^2/kg$；S–ratio 的最小值和最大值分别为 0.89 和 0.91，平均值为 0.9；χ_{fd}% 的最小值和最大值分别为 1.05% 和 4.56%，平均值为 3.22%；χ_{ARM}/χ 的最小值和最大值分别为 0.48 和 1.63，平均值为 1.2；χ_{ARM}/SIRM 的最小值和最大值分别为 $0.017\times10^{-4}m/A$ 和 $0.0321\times10^{-4}m/A$，平均值为 $0.0261\times10^{-4}m/A$；SIRM/χ 的最小值和最大值分别为 $28.7\times10^2A/m$ 和 $56.22\times10^2A/m$，平均值为 $44.89\times10^2A/m$。

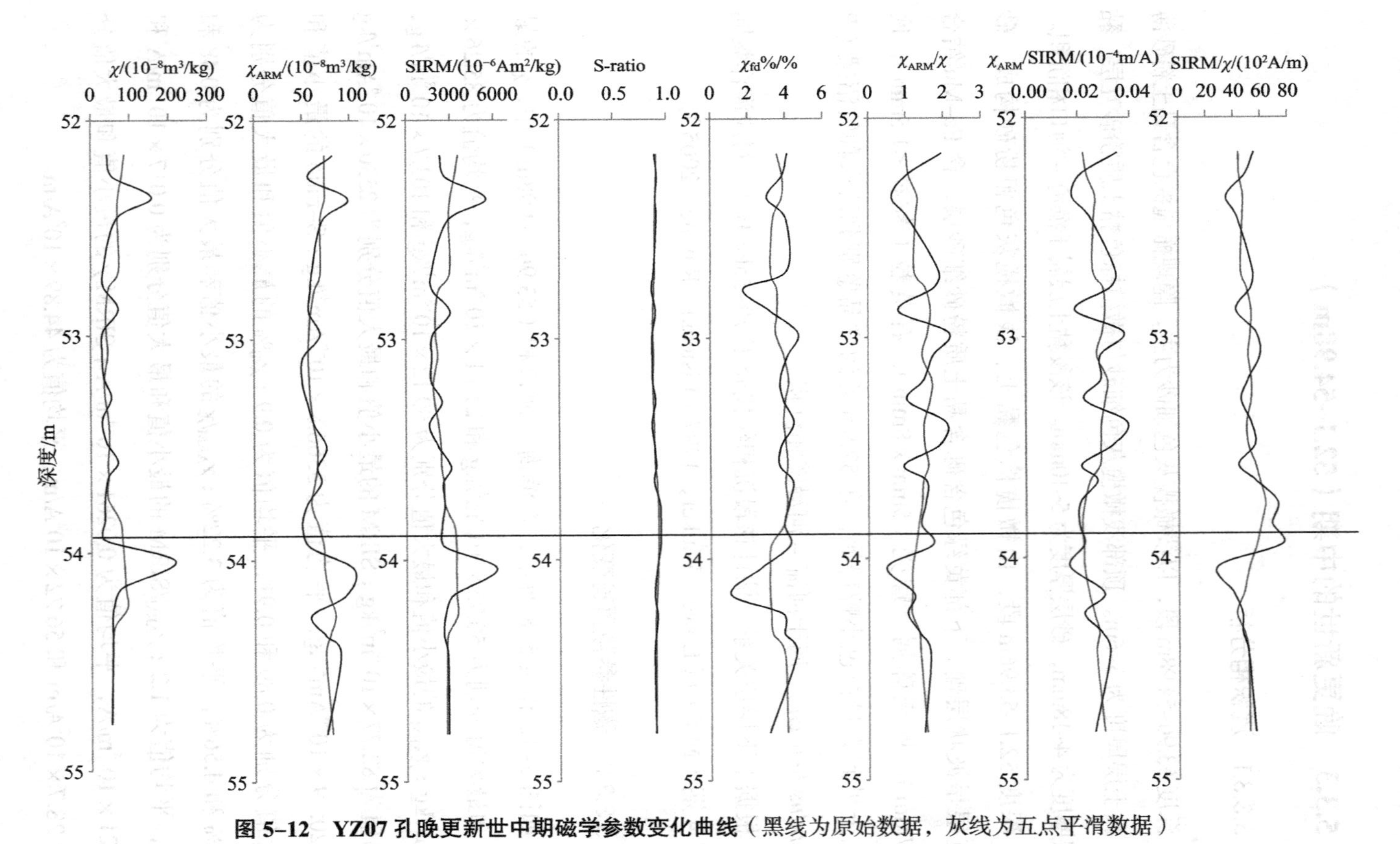

图 5-12 YZ07 孔晚更新世中期磁学参数变化曲线（黑线为原始数据，灰线为五点平滑数据）

表 5-8　YZ07 孔晚更新世中期磁学参数

分层	$\chi/(10^{-8}m^3/kg)$			$\chi_{ARM}/(10^{-8}m^3/kg)$			$SIRM/(10^{-6}Am^2/kg)$			S-ratio		
	min	max	mean	min	max	mean	min	max	mean	min	max	mean
滨海 - 河口相（53.96~54.98m）	50.75	216.1	85.26	59.12	103.7	82.77	2530	6205.9	3366.8	0.89	0.91	0.9
河流 - 河漫滩相（52.10~53.96m）	29.44	156.7	49.71	49.62	98.45	63.61	1602	5514.1	2489.6	0.87	0.94	0.9

分层	$\chi_{fd}\%/\%$			χ_{ARM}/χ			$\chi_{ARM}/SIRM/(10^{-4}m/A)$			$SIRM/\chi/(10^2A/m)$		
	min	max	mean	min	max	mean	min	max	mean	min	max	mean
滨海 - 河口相（53.96~54.98m）	1.05	4.56	3.22	0.48	1.63	1.2	0.017	0.0321	0.0261	28.7	56.22	44.89
河流 - 河漫滩相（52.10~53.96m）	1.78	4.71	3.86	0.63	2.16	1.48	0.018	0.0391	0.0271	35.2	76.28	54.2

在河流 - 河漫滩相（52.1~53.96m）中，χ 的最小值和最大值分别为 $29.44\times10^{-8}m^3/kg$ 和 $156.7\times10^{-8}m^3/kg$，平均值为 $49.71\times10^{-8}m^3/kg$；χ_{ARM} 的最小值和最大值分别为 $49.62\times10^{-8}m^3/kg$ 和 $98.45\times10^{-8}m^3/kg$，平均值为 $63.61\times10^{-8}m^3/kg$；SIRM 的最小值和最大值分别为 $1602\times10^{-6}Am^2/kg$ 和 $5514.1\times10^{-6}Am^2/kg$，平均值为 $2489.6\times10^{-6}Am^2/kg$；S-ratio 的最小值和最大值分别为 0.87 和 0.94，平均值为 0.9；$\chi_{fd}\%$ 的最小值和最大值分别为 1.78% 和 4.71%，平均值为 3.86%；χ_{ARM}/χ 的最小值和最大值分别为 0.63 和 2.16，平均值为 1.48；SIRM/χ 的最小值和最大值分别为 $35.2\times10^2A/m$ 和 $76.28\times10^2A/m$，平均值为 $54.2\times10^2A/m$；$\chi_{ARM}/SIRM$ 的最小值和最大值分别为 $0.018\times10^{-4}m/A$ 和 $0.0391\times10^{-4}m/A$，平均值为 $0.0271\times10^{-4}m/A$。

5.3.3.3　高温 κ-T 曲线

如图 5-13 所示，选自河流 - 河漫滩相的 464 号样品和选自滨海 - 河口相的 479 号样品的加热曲线随温度的升高缓慢降低，在 580℃急剧降低，表明样品中主导磁载体是磁铁矿，直至 675℃降至基值，暗示了赤铁矿的存在。

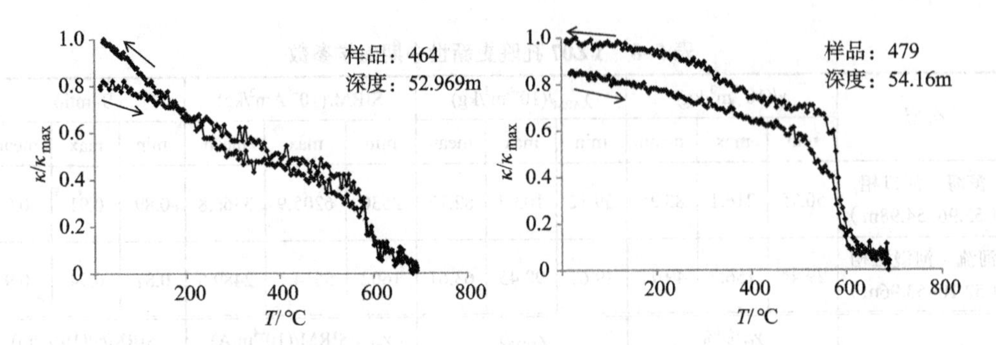

图 5-13 YZ07 孔晚更新世中期典型样品高温 κ-T 曲线

5.3.3.4 磁滞回线

如果样品中以软磁性矿物为主导，那么磁滞回线会表现出明显的饱和趋势，且在 300mT 以下的外加场中闭合。如图 5-14 所示，选自河流－河漫滩相的 464 号样品和选自滨海－河口相的 479 号样品的磁滞回线在 300mT 时形成闭合曲线，表明样品中主要以软磁性矿物为主导，同时原始曲线在 300mT 以上时呈现增加的曲线，表明样品中含有少量的硬磁性矿物。

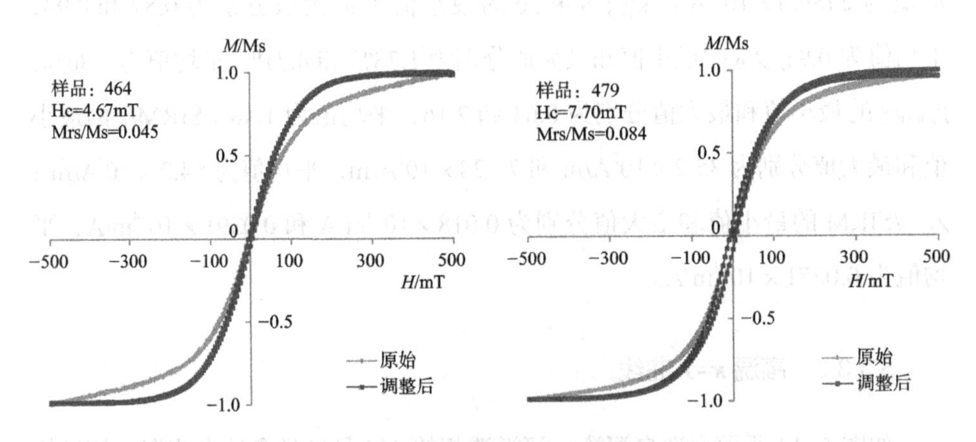

图 5-14 YZ07 孔晚更新世早期典型样品磁滞回线

5.3.3.5　IRM 获得曲线和退磁曲线

所有样品的 IRM 在 300mT 时均达到 SIRM 的 90% 以上，表明样品中磁性矿物主要是软磁性矿物。退磁曲线表明，所有样品的剩磁矫顽力在 25mT 左右，也表明样品中以软磁性矿物为主导（图 5-15）。

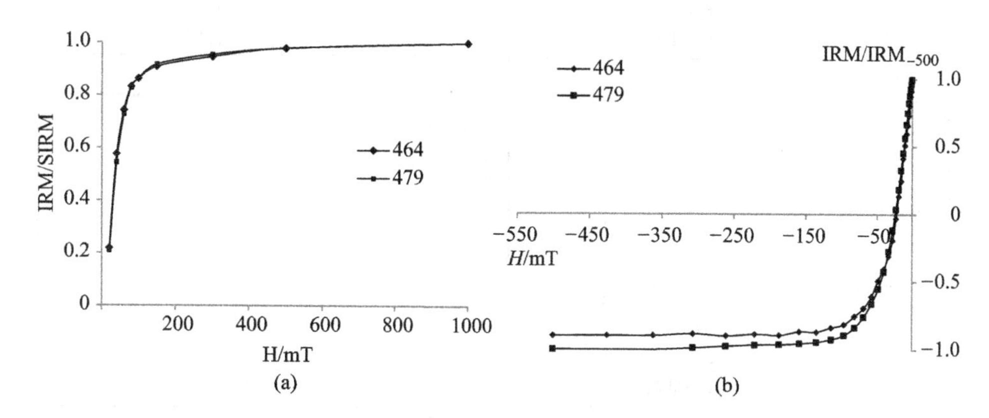

图 5-15　YZ07 孔晚更新世中期典型样品 IRM 获得曲线（a）和退磁曲线（b）

5.3.3.6　高斯累计（CLG）模型

笔者进一步利用高斯累计模型来定量对 IRM 获得曲线进行分解，其结果如图 5-16 和表 5-9 所示。所有样品的 IRM 获得曲线都可以分为两个组分。取自河流 – 河漫滩相的 514 号样品（深度 53.01m）第一组分的 $B_{1/2}$ 为 34.7mT，属于低矫顽力软磁性矿物组分，第二组分的 $B_{1/2}$ 为 446.7mT，属于高矫顽力的应磁性矿物组分。样品中第一、二组分对 SIRM 的贡献分别为 97% 和 3%，表明样品中以低矫顽力的软磁性矿物为主。取自滨海 – 河口相的 530 号样品（深度 54.54m）第一组分的 $B_{1/2}$ 为 39.8mT，属于低矫顽力软磁性矿物组分，第二组分的 $B_{1/2}$ 为 316.2mT，属于高矫顽力的应磁性矿物组分。样品中第一、二组分对 SIRM 的贡献分别为 88% 和 12%，表明样品中以低矫顽力的软磁性矿物为主。

表 5-9　南黄海辐射沙脊群 YZ07 孔晚更新世早期典型样品高斯累计模型数据

样品编号	组分	log（$B_{1/2}$）/mT	$B_{1/2}$/mT	贡献 /%	离散程度
515	1	1.54	34.7	97	0.34
	2	2.65	446.7	3	0.48
530	1	1.6	39.8	88	0.30
	2	2.5	316.2	12	0.45

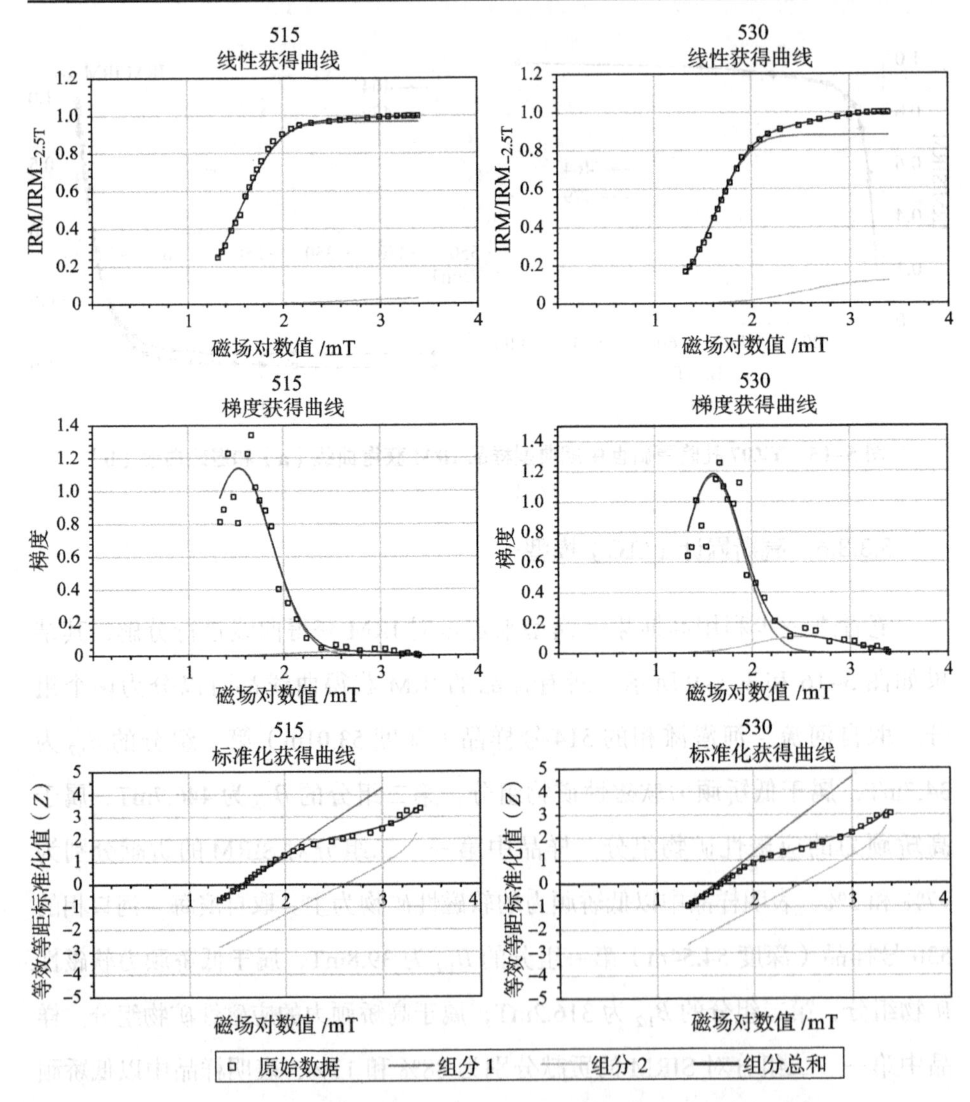

图 5-16　利用高斯累计模型对 IRM 获得曲线组分进行定量分解

5.3.4　晚更新世的晚期（42.98~52.1m）

5.3.4.1　沉积相分析

由第 13~14 三段沉积层构成，是一套由河口－海湾－潮滩相的沉积。在深度 43.88m 处 AMS^{14}C 测年 25 766~25 559a B.P.，但在深度 56.06m 测年已达到放射性碳衰变的本地（> 47 000a B.P.）。根据层序估计，该段的沉积时代为 55~25ka B.P.，相当于海洋氧同位素 3 期（MIS3）（Lowe，Walker，1997；Lisiecki，Raymo，2005；Lambeck，Chappell，2001；Winograd，2001）。

深度 42.98~44.97m 段，由浅灰色－棕灰色砂纸黏土层组成，含贝壳碎片，见 2~4mm 厚透镜状黏土层。含咸水种硅藻，以底栖、近岸或潮间带种如 *Actinoptyclus senerias/undulates*、*A. splenens*、*A. ingens*、*A. octonarius*、*Delphineis/raphineis surirella var. australls* 为主。属于滨海相沉积。

深度 44.97~52.1m 段，浅橄榄灰色粗粉砂，局部夹橄榄棕色黏土，见 3 层 8~15mm 厚的黏土层。下部浅橄榄灰色细砂与橄榄棕色泥质粉砂互层，形成波状层理，黏土层厚度为 3~5mm，砂层厚度为 5~20mm，底部 51.3m 处开始出现咸水种硅藻，*A. mammifer*、*T. nitzschioides*、*Thalasstrothrix* spp.、*T. excentrica* 和 *Xanthiopyxis* spp. 占较大比例，对温度和盐度要求较高的 *C. nodulifer* 占一定的含量，属于滨海－浅海相沉积。

5.3.4.2　磁性参数垂直变化

如图 5–17 和表 5–10 所示，在滨海－浅海相（44.97~52.1m）中，χ 的最小值和最大值分别是 $24.5 \times 10^{-8}m^3/kg$ 和 $141.7 \times 10^{-8}m^3/kg$，平均值为 $50.4 \times 10^{-8}m^3/kg$；$\chi_{ARM}$ 的最小值和最大值分别为 $40.5 \times 10^{-8}m^3/kg$ 和 $101.1 \times 10^{-8}m^3/kg$，平均值为 $62 \times 10^{-8}m^3/kg$；SIRM 的最小值和最大值分别为 $1443 \times 10^{-6}Am^2/kg$ 和 $4573 \times 10^{-6}Am^2/kg$，平均值为 $2334.8 \times 10^{-6}Am^2/kg$；S–ratio 的最小值和最

大值分别为 0.7 和 0.95，平均值为 0.88；$\chi_{fd}\%$ 的最小值和最大值分别为 0.48% 和 5.12%，平均值为 3.71%；χ_{ARM}/χ 的最小值和最大值分别为 0.52 和 3.26，平均值为 1.42；SIRM/χ 的最小值和最大值分别为 32×10^2A/m 和 70.7×10^2A/m，平均值为 49.7×10^2A/m；χ_{ARM}/SIRM 的最小值和最大值分别为 0.02×10^{-4}m/A 和 0.0489×10^{-4}m/A，平均值为 0.0278×10^{-4}m/A。

在滨海相（42.98~44.97m）中，χ 的最小值和最大值分别是 $30 \times 10^{-8}m^3/kg$ 和 $76.29 \times 10^{-8}m^3/kg$，平均值为 $43.2 \times 10^{-8}m^3/kg$；$\chi_{ARM}$ 的最小值和最大值分别为 $53.3 \times 10^{-8}m^3/kg$ 和 $139.7 \times 10^{-8}m^3/kg$，平均值为 $85.9 \times 10^{-8}m^3/kg$；SIRM 的最小值和最大值分别为 $2214 \times 10^{-6}Am^2/kg$ 和 $3560 \times 10^{-6}Am^2/kg$，平均值为 $2680 \times 10^{-6}Am^2/kg$;S-ratio 的最小值和最大值分别为 0.9 和 0.97,平均值为 0.91；$\chi_{fd}\%$ 的最小值和最大值分别为 0.89% 和 5.61%，平均值为 3.74%；χ_{ARM}/χ 的最小值和最大值分别为 0.9 和 4.66，平均值为 2.14；SIRM/χ 的最小值和最大值分别为 47×10^2A/m 和 82.2×10^2A/m，平均值为 63.4×10^2A/m；χ_{ARM}/SIRM 的最小值和最大值分别为 0.02×10^{-4}m/A 和 0.0567×10^{-4}m/A，平均值为 0.0329×10^{-4}m/A。在海湾－浅海相（31.6~42.6m）中，χ 的最小值和最大值分别是 $25.37 \times 10^{-8}m^3/kg$ 和 $84.56 \times 10^{-8}m^3/kg$，平均值为 $56.83 \times 10^{-8}m^3/kg$；$\chi_{ARM}$ 的最小值和最大值分别为 $36.62 \times 10^{-8}m^3/kg$ 和 $137.81 \times 10^{-8}m^3/kg$，平均值为 $77.02 \times 10^{-8}m^3/kg$；SIRM 的最小值和最大值分别为 $1640.09 \times 10^{-6}Am^2/kg$ 和 $3332.37 \times 10^{-6}Am^2/kg$，平均值为 $2663.1 \times 10^{-6}Am^2/kg$；S-ratio 的最小值和最大值分别为 0.84 和 0.94，平均值为 0.88；$\chi_{fd}\%$ 的最小值和最大值分别为 0.46% 和 5.97%，平均值为 3.76%；χ_{ARM}/χ 的最小值和最大值分别为 0.39 和 4.75，平均值为 1.76；SIRM/χ 的最小值和最大值分别为 26.12×10^2A/m 和 73.08×10^2A/m，平均值为 52.44×10^2A/m；χ_{ARM}/SIRM 的最小值和最大值分别为 0.0137×10^{-4}m/A 和 0.0664×10^{-4}m/A，平均值为 0.0316×10^{-4}m/A。

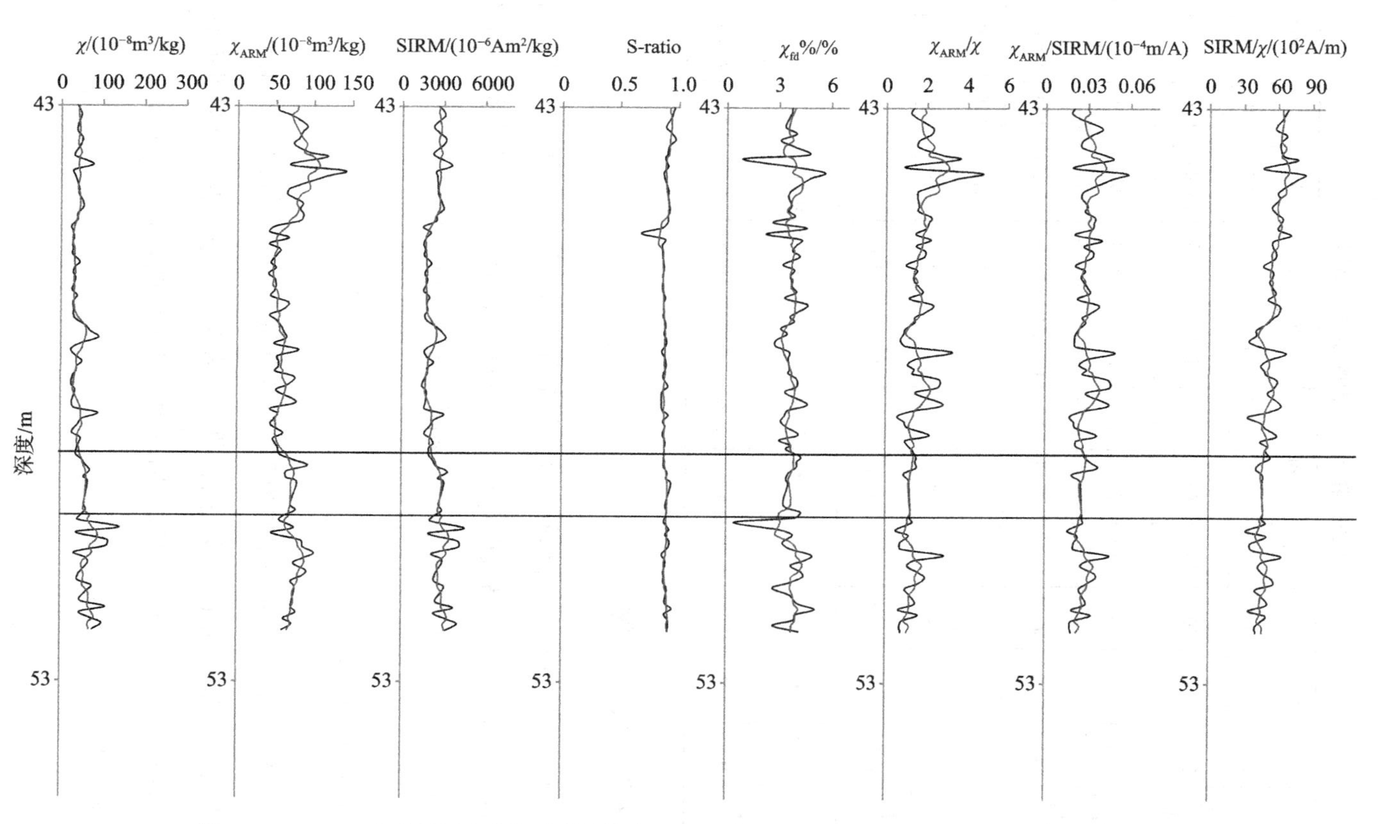

图 5-17　YZ07 孔晚更新世晚期磁学参数变化曲线（黑线为原始数据，灰线为五点平滑数据）

表 5-10　YZ07 孔晚更新世晚期磁学参数

分层	$\chi/(10^{-8}m^3/kg)$			$\chi_{ARM}/(10^{-8}m^3/kg)$			$SIRM/(10^{-6}Am^2/kg)$			S-ratio		
	min	max	mean	min	max	mean	min	max	mean	min	max	mean
滨海－浅海相（44.97~52.16m）	24.5	141.7	50.4	40.5	101.1	62	1443	4573	2334.8	0.7	0.95	0.88
滨海相（42.98~44.97m）	30	76.29	43.2	53.3	139.7	85.9	2214	3560	2680	0.9	0.97	0.91
海湾－线海相（31.6~42.6m）	25.37	84.56	56.83	36.62	137.81	77.02	1640.09	3332.37	2663.1	0.84	0.94	0.88

分层	$\chi_{fd}\%/\%$			χ_{ARM}/χ			$\chi_{ARM}/SIRM/(10^{-4}m/A)$			$SIRM/\chi/(10^2A/m)$		
	min	max	mean	min	max	mean	min	max	mean	min	max	mean
滨海－浅海相（44.97~52.16m）	0.48	5.12	3.71	0.52	3.26	1.42	0.02	0.0489	0.0278	32	70.7	49.7
滨海相（42.98~44.97m）	0.89	5.61	3.74	0.9	4.66	2.14	0.02	0.0567	0.0329	47	82.2	63.4
海湾－线海相（31.6~42.6m）	0.46	5.97	3.76	0.39	4.75	1.76	0.0137	0.0664	0.0316	26.12	73.08	52.44

5.3.4.3　高温 κ–T 曲线

图 5-18 所示，选自滨海相的 388 号样品和选自滨海－浅海相的 415 号样品的加热曲线随温度的升高缓慢降低，在 580℃急剧降低，表明样品中主导磁载体是磁铁矿，直至 675℃降至基值，暗示了赤铁矿的存在。

5.3.4.4　磁滞回线

图 5-19 所示，选自滨海相的 388 号样品和选自滨海－浅海相的 415 号样品的的磁滞回线在 300mT 时形成闭合曲线，表明样品中主要以软磁性矿物为主导，同时原始曲线在 300mT 以上时呈现增加的曲线，表明样品中含有少量的硬磁性矿物。

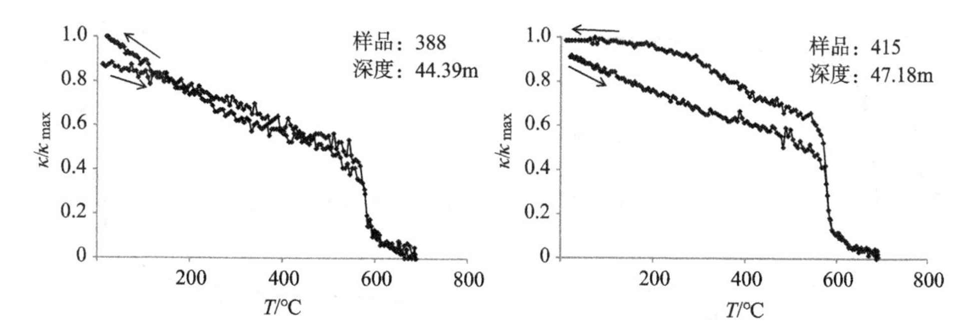

图 5-18　YZ07 孔晚更新世晚期典型样品高温 κ-T 曲线

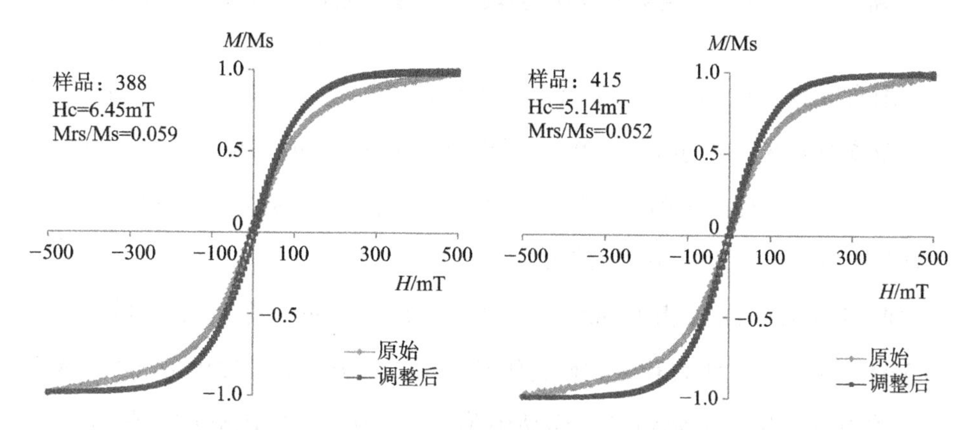

图 5-19　YZ07 孔晚更新世晚期典型样品磁滞回线

5.3.4.5　IRM 获得曲线和退磁曲线

所有样品的 IRM 在 300mT 时均达到 SRIM 的 90% 以上，表明样品中磁性矿物主要是软磁性矿物。退磁曲线表明，所有样品的剩磁矫顽力介于 25~35mT，也表明了样品中以软磁性矿物为主导（图 5-20）。

5.3.4.6　高斯累计（CLG）模型

笔者进一步利用高斯累计模型来定量对 IRM 获得曲线进行分解，其结果如表 5-11 和图 5-21 所示。所有样品的 IRM 获得曲线都可以分为两个组分。

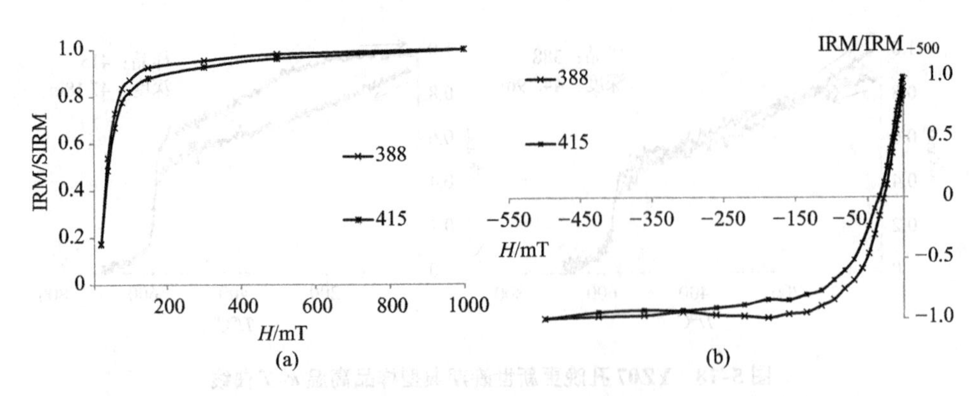

图 5-20　YZ07 孔晚更新世晚期典型样品 IRM 获得曲线（a）和退磁曲线（b）

取自滨海相的 450 号样品（深度 44.45m）第一组分的 $B_{1/2}$ 为 43.7mT，属于低矫顽力软磁性矿物组分，第二组分的 $B_{1/2}$ 为 398.1mT，属于高矫顽力的硬磁性矿物组分。样品中第一、二组分对 SIRM 的贡献分别为 84% 和 16%，表明样品中以低矫顽力的软磁性矿物为主。

取自滨海 – 浅海相的 500 号样品（深度 51.56m）第一组分的 $B_{1/2}$ 为 36.3mT，属于低矫顽力软磁性矿物组分，第二组分的 $B_{1/2}$ 为 955.0mT，属于高矫顽力的硬磁性矿物组分。样品中第一、二组分对 SIRM 的贡献分别为 96% 和 4%，表明样品中以低矫顽力的软磁性矿物为主。

表 5-11　南黄海辐射沙脊群 YZ07 孔晚更新世晚期典型样品高斯累计模型数据

样品	组分	$\log(B_{1/2})$	$B_{1/2}$/mT	贡献 /%	离散程度
450	1	1.64	43.7	84	0.32
	2	2.60	398.1	16	0.45
500	1	1.58	36.3	96	0.34
	2	2.99	955.0	4	0.40

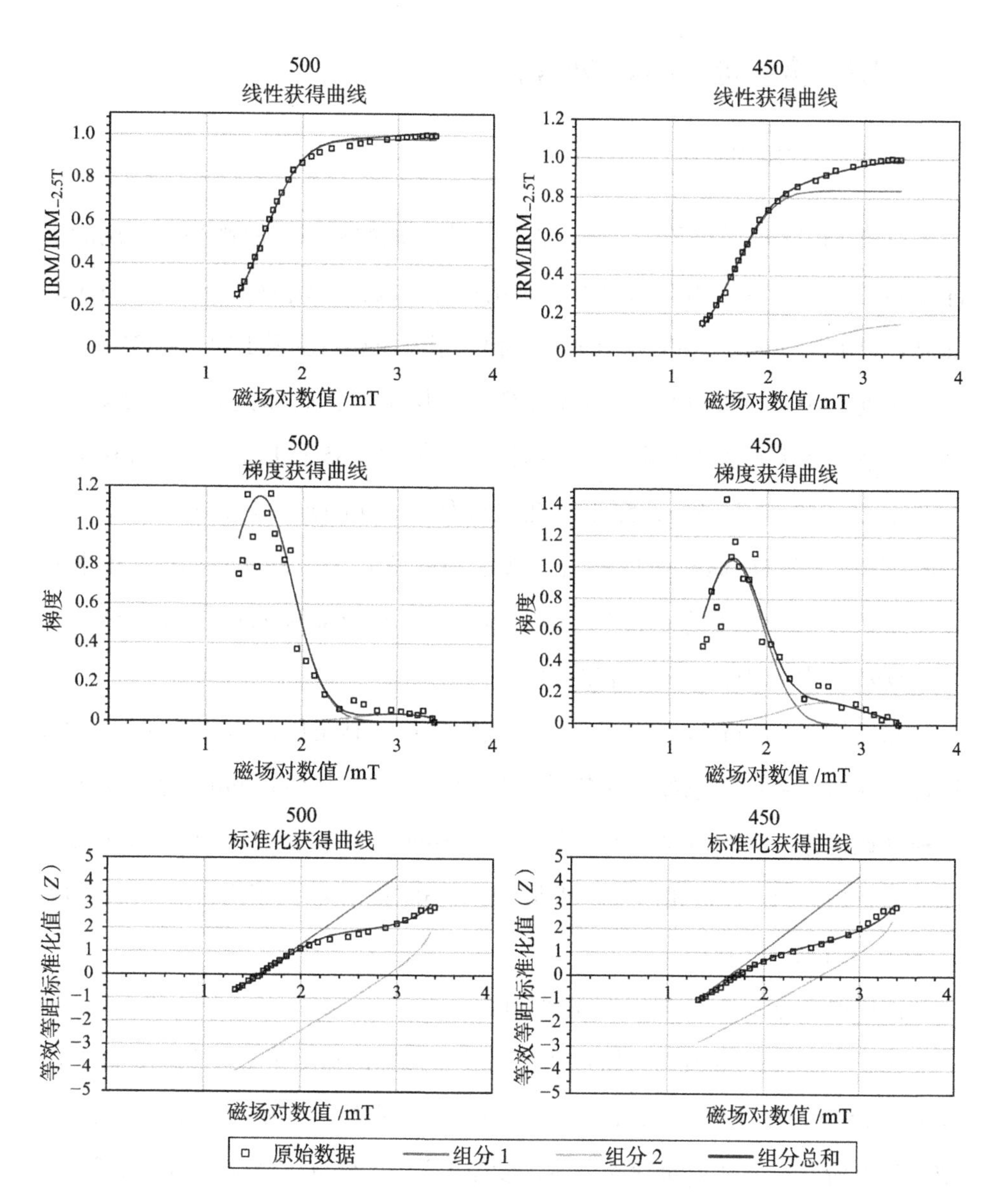

图 5-21　利用高斯累计模型对 IRM 获得曲线组分进行定量分解

5.3.5 全新世（0~42.98m）

5.3.5.1 沉积相分析

由第15~18三段沉积层构成，沉积相由早期的河口 – 海湾相向中期的潮滩相转变，晚期由低潮滩相向中潮滩相转变。沉积年代为全新世（12 ± 1.5）ka B.P. 以来（Lowe，Walker，1997），相当于海洋氧同位素1期（MIS1）。

深度31.6~42.98m段，由橄榄棕色粉砂层组成，局部夹黏土质细粉砂，多有水平、脉状或波状砂泥互层层理特征。在孔深35.3~45.7m段，有孔虫丰度为1225~2074.7个/50g，深水有孔虫属种 *E. naraensis*（Kuwa.）占总量的3.3%~4.3%。在38~44m处集中出现咸水种硅藻 *C. stylorum/striata* 和暖水种 *C. nodulifer*，以及深水的咸水种 *P.*（*M.*）*sulcata*，*T. nitzschioides*，*T. excentrica* 和 *T. oestrupii*，属于海湾 – 浅海相沉积。

深度31.6~18.6m段，为浅灰色 – 浅棕色粉砂黏土层，均质，未见层理，局部夹浅灰色 – 浅棕色黏土质粉砂 – 粉砂，其厚度为5~10mm。黏土层中间细粉砂透镜体，夹粉砂斑和条，条厚度为8mm，斑厚度为10mm。属于河漫滩 – 河口相沉积。该层相当于晚冰期（Late Glacial），沉积年代为17~12ka B.P.（Lowe，Walker，1997）。

该层顶部与上覆17段呈沉积间断面。

深度14.6~18.6m段，为橄榄灰色粉砂与灰棕色黏土不等厚互层，黏土厚度为5~25cm，砂厚度为10~15cm，砂层见暗色矿物，以灰棕色黏土为主，夹橄榄灰色粉砂。下部见粉砂透镜体，砂厚度为2~25mm，含咸水种硅藻碎屑，属于一套河口 – 滨海相沉积。

深度8.6~14.6m段，为浅橄榄灰色黏土质细粉砂与灰棕色黏土条或斑，或浅橄榄灰色细粉砂与灰棕色黏土不等厚互层。普遍发育脉状或砂泥互层层理，含大量咸水种硅藻碎屑，是一套水下潮滩相沉积。该层在9.9m处测年

6248~6209a B.P.，根据上下层位推算，该层的沉积年代为 8.0~3.5ka B.P.。在 8.9~8.6m 处发现大量碳屑和植物根系，与上覆底层出现沉积间断。

深度 8.6~0m 段，为浅橄榄灰色细粉砂与灰棕色黏土不等厚互层，局部见浅棕灰色粉砂质黏土斑或条，是一套潮滩相的砂泥互层沉积。在 0~6m 段，外海浮游属种 *Epistominella naraensis* (Kuwa.)，*Uvigerina canariensis* 有孔虫组合出现峰值。出现了反映现代海岸带沉积环境的双壳类文蛤 *Meretrix meretrix Linnaeus*，属于潮滩中 – 低潮滩沉积（MT1）。该层在 2.62m 处测年 3209~3140a B.P.，沉积年代为 3.5ka B.P. 以来。

5.3.5.2　磁性参数垂直变化

如图 5–22 和表 5–12 所示，在海湾 – 浅海相（31.6~42.98m）中，χ 的最小值和最大值分别是 $25.4 \times 10^{-8}m^3/kg$ 和 $84.56 \times 10^{-8}m^3/kg$，平均值为 $56.8 \times 10^{-8}m^3/kg$；$\chi_{ARM}$ 的最小值和最大值分别为 $36.6 \times 10^{-8}m^3/kg$ 和 $137.8 \times 10^{-8}m^3/kg$，平均值为 $77 \times 10^{-8}m^3/kg$；SIRM 的最小值和最大值分别为 $1640 \times 10^{-6}Am^2/kg$ 和 $3332.4 \times 10^{-6}Am^2/kg$，平均值为 $2663.1 \times 10^{-6}Am^2/kg$；S–ratio 的最小值和最大值分别为 0.8 和 0.94，平均值为 0.88；$\chi_{fd}\%$ 的最小值和最大值分别为 0.46% 和 5.97%，平均值为 3.76%；χ_{ARM}/χ 的最小值和最大值分别为 0.39 和 4.75，平均值为 1.76；SIRM/χ 的最小值和最大值分别为 $26 \times 10^2A/m$ 和 $73.1 \times 10^2A/m$，平均值为 $53.4 \times 10^2A/m$；χ_{ARM}/SIRM 的最小值和最大值分别为 $0.014 \times 10^{-4}m/A$ 和 $0.0664 \times 10^{-4}m/A$，平均值为 $0.0316 \times 10^{-4}m/A$。

在河漫滩 – 河口相（18.6~31.6m）中，χ 的最小值和最大值分别是 $22.5 \times 10^{-8}m^3/kg$ 和 $49.97 \times 10^{-8}m^3/kg$，平均值为 $57 \times 10^{-8}m^3/kg$；χ_{ARM} 的最小值和最大值分别为 $36.5 \times 10^{-8}m^3/kg$ 和 $185.5 \times 10^{-8}m^3/kg$，平均值为 $71.4 \times 10^{-8}m^3/kg$；SIRM 的最小值和最大值分别为 $1497 \times 10^{-6}Am^2/kg$ 和 $13064 \times 10^{-6}Am^2/kg$，平均值为 $2615.3 \times 10^{-6}Am^2/kg$；S–ratio 的最小值和最大值分别为 0.8 和 0.94，平

均值为 0.88；$\chi_{fd}\%$ 的最小值和最大值分别为 0.59% 和 7.65%，平均值为 3.62%；χ_{ARM}/χ 的最小值和最大值分别为 0.37 和 4.27，平均值为 1.7；SIRM/χ 的最小值和最大值分别为 26×10^2A/m 和 84.3×10^2A/m，平均值为 54.3×10^2A/m；χ_{ARM}/SIRM 的最小值和最大值分别为 0.014×10^{-4}m/A 和 0.0564×10^{-4}m/A，平均值为 0.0299×10^{-4}m/A。

在河口－滨海相（14.6~18.6m）中，χ 的最小值和最大值分别是 $22.3\times10^{-8}m^3/kg$ 和 $251.1\times10^{-8}m^3/kg$，平均值为 $40.6\times10^{-8}m^3/kg$；χ_{ARM} 的最小值和最大值分别为 $46.3\times10^{-8}m^3/kg$ 和 $150\times10^{-8}m^3/kg$，平均值为 $75.2\times10^{-8}m^3/kg$；SIRM

表 5-12　YZ07 孔全新世沉积物磁学参数

分层	$\chi/(10^{-8}m^3/kg)$			$\chi_{ARM}/(10^{-8}m^3/kg)$			SIRM/$(10^{-6}Am^2/kg)$			S-ratio		
	min	max	mean	min	max	mean	min	max	mean	min	max	mean
海湾－浅海相（31.6~42.96m）	25.4	84.56	56.8	36.6	137.8	77	1640	3332.4	2663.1	0.8	0.94	0.88
河漫滩－河口相（18.6~31.6）	22.5	49.97	57	36.5	185.5	71.4	1497	13064	2615.3	0.8	0.94	0.88
河口－滨海相（14.6~18.6m）	22.3	251.1	40.6	46.3	150	75.2	1421	10526	2313.9	0.8	0.92	0.84
滨海相（8.6~14.6m）	24.9	99.39	37.1	35.2	125.4	68	1583	7126.6	2646.4	0.8	0.95	0.87
海湾－浅海相（0~8.6m）	25.5	89.32	37.7	33.2	145	85.1	1374	3428.2	2345.6	0.8	0.88	0.84

分层	$\chi_{fd}\%/\%$			χ_{ARM}/χ			χ_{ARM}/SIRM/$(10^{-4}m/A)$			SIRM/χ/$(10^2A/m)$		
	min	max	mean	min	max	mean	min	max	mean	min	max	mean
海湾－浅海相（31.6~42.96m）	0.46	5.97	3.76	0.39	4.75	1.76	0.014	0.0664	0.0316	26	73.1	52.4
河漫滩－河口相（18.6~31.6）	0.59	7.65	3.62	0.37	4.27	1.7	0.014	0.0564	0.0299	26	84.3	54.3
河口－滨海相（14.6~18.6m）	0.68	5.3	3.51	0.33	5.11	2.45	0.014	0.0585	0.0356	23	87.9	64.6
滨海相（8.6~14.6m）	2.1	10.99	4.1	0.85	4.76	1.97	0.016	0.0443	0.0266	46	206	74.3
海湾－浅海相（0~8.6m）	2.39	11.63	5.88	0.75	4.45	2.46	0.017	0.0656	0.0366	38	92.3	64.7

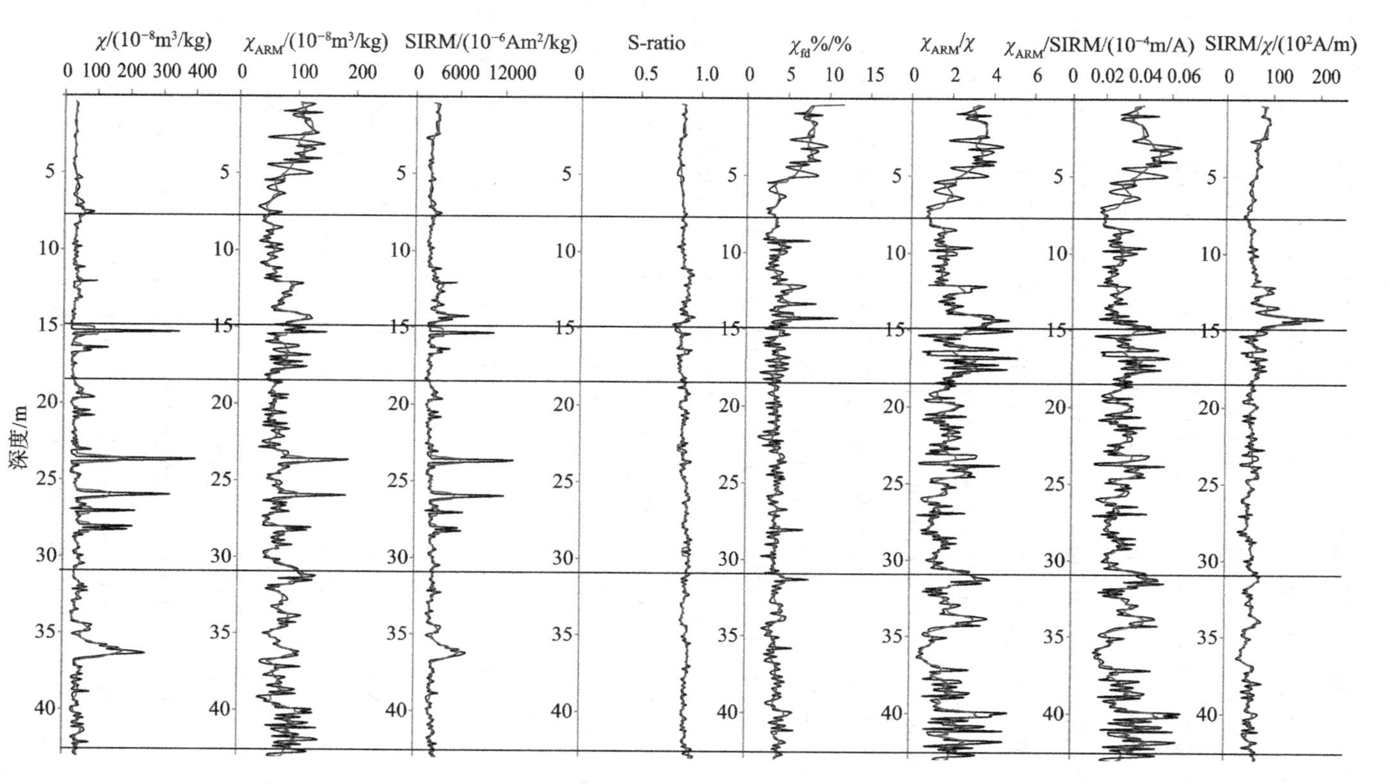

图 5-22　YZ07 孔晚全新世时期磁学参数变化曲线（黑线为原始数据，灰线为五点平滑数据）

的最小值和最大值分别为 $1421\times10^{-6}Am^2/kg$ 和 $10526\times10^{-6}Am^2/kg$，平均值为 $2313.9\times10^{-6}Am^2/kg$；S-ratio 的最小值和最大值分别为 0.8 和 0.92，平均值为 0.84；$\chi_{fd}\%$ 的最小值和最大值分别为 0.68% 和 5.3%，平均值为 3.51%；χ_{ARM}/χ 的最小值和最大值分别为 0.33 和 5.11，平均值为 2.45；SIRM/χ 的最小值和最大值分别为 $23\times10^2A/m$ 和 $87.9\times10^2A/m$，平均值为 $64.6\times10^2A/m$；χ_{ARM}/SIRM 的最小值和最大值分别为 $0.014\times10^{-4}m/A$ 和 $0.0585\times10^{-4}m/A$，平均值为 $0.0356\times10^{-4}m/A$。

在滨海相（8.6~14.6m）中，χ 的最小值和最大值分别是 $24.9\times10^{-8}m^3/kg$ 和 $99.39\times10^{-8}m^3/kg$，平均值为 $37.1\times10^{-8}m^3/kg$；χ_{ARM} 的最小值和最大值分别为 $35.2\times10^{-8}m^3/kg$ 和 $125.4\times10^{-8}m^3/kg$，平均值为 $68\times10^{-8}m^3/kg$；SIRM 的最小值和最大值分别为 $1583\times10^{-6}Am^2/kg$ 和 $7126.6\times10^{-6}Am^2/kg$，平均值为 $2646.4\times10^{-6}Am^2/kg$；S-ratio 的最小值和最大值分别为 0.8 和 0.95，平均值为 0.87；$\chi_{fd}\%$ 的最小值和最大值分别为 2.1% 和 10.99%，平均值为 4.1%；χ_{ARM}/χ 的最小值和最大值分别为 0.85 和 4.76，平均值为 1.97；SIRM/χ 的最小值和最大值分别为 $46\times10^2A/m$ 和 $206\times10^2A/m$，平均值为 $74.3\times10^2A/m$；χ_{ARM}/SIRM 的最小值和最大值分别为 $0.016\times10^{-4}m/A$ 和 $0.0443\times10^{-4}m/A$，平均值为 $0.0266\times10^{-4}m/A$。

在海湾－浅海相（0~8.6m）中，χ 的最小值和最大值分别是 $25.5\times10^{-8}m^3/kg$ 和 $89.32\times10^{-8}m^3/kg$，平均值为 $37.7\times10^{-8}m^3/kg$；χ_{ARM} 的最小值和最大值分别为 $33.2\times10^{-8}m^3/kg$ 和 $145\times10^{-8}m^3/kg$，平均值为 $85.1\times10^{-8}m^3/kg$；SIRM 的最小值和最大值分别为 $1374\times10^{-6}Am^2/kg$ 和 $3428.2\times10^{-6}Am^2/kg$，平均值为 $2345.6\times10^{-6}Am^2/kg$；S-ratio 的最小值和最大值分别为 0.8 和 0.88，平均值为 0.84；$\chi_{fd}\%$ 的最小值和最大值分别为 2.39% 和 11.63%，平均值为 5.88%；χ_{ARM}/χ 的最小值和最大值分别为 0.75 和 4.45，平均值为 2.46；SIRM/χ 的最小值和最大值分别为 $38\times10^2A/m$ 和 $92.3\times10^2A/m$，平均值为 $64.7\times10^2A/m$；χ_{ARM}/SIRM 的最小值和最大值分别为 $0.017\times10^{-4}m/A$ 和 $0.0656\times10^{-4}m/A$，平均值为 $0.0366\times10^{-4}m/A$。

5.3.5.3　高温 κ–T 曲线

如图 5–23 所示，选自潮滩相的 15 号样品、选自水下潮滩相的 42 号样品、选自河口 – 滨海相的 113 号样品、选自河漫滩 – 河口相的 169 号样品和选自海湾 – 浅海相的 332 号样品的加热曲线随温度的升高缓慢降低，在 580℃急剧降低，表明样品中主导磁载体是磁铁矿，直至 675℃降至基值，暗示了赤铁矿的存在。

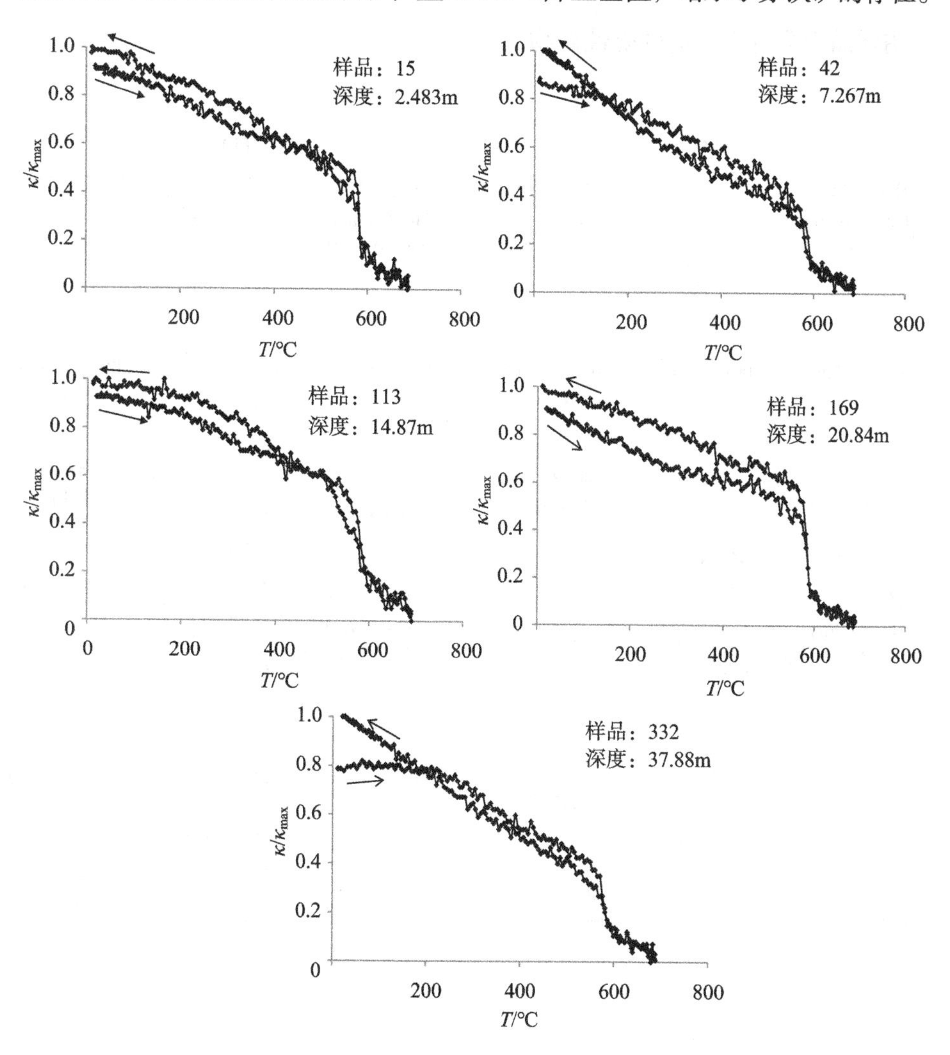

图 5–23　YZ07 孔全新世典型样品高温 κ–T 曲线

5.3.5.4 磁滞回线

如图 5–24 所示，选自潮滩相的 15 号样品、选自水下潮滩相的 42 号样品、选自河口 – 滨海相的 113 号样品、选自河漫滩 – 河口相的 169 号样品和选自海湾 – 浅海相的 332 号样品的磁滞回线在 300mT 时形成闭合曲线，表明样品中主要以软磁性矿物为主导，同时原始曲线在 300mT 以上时呈现增加的曲线，表明样品中含有少量的硬磁性矿物。

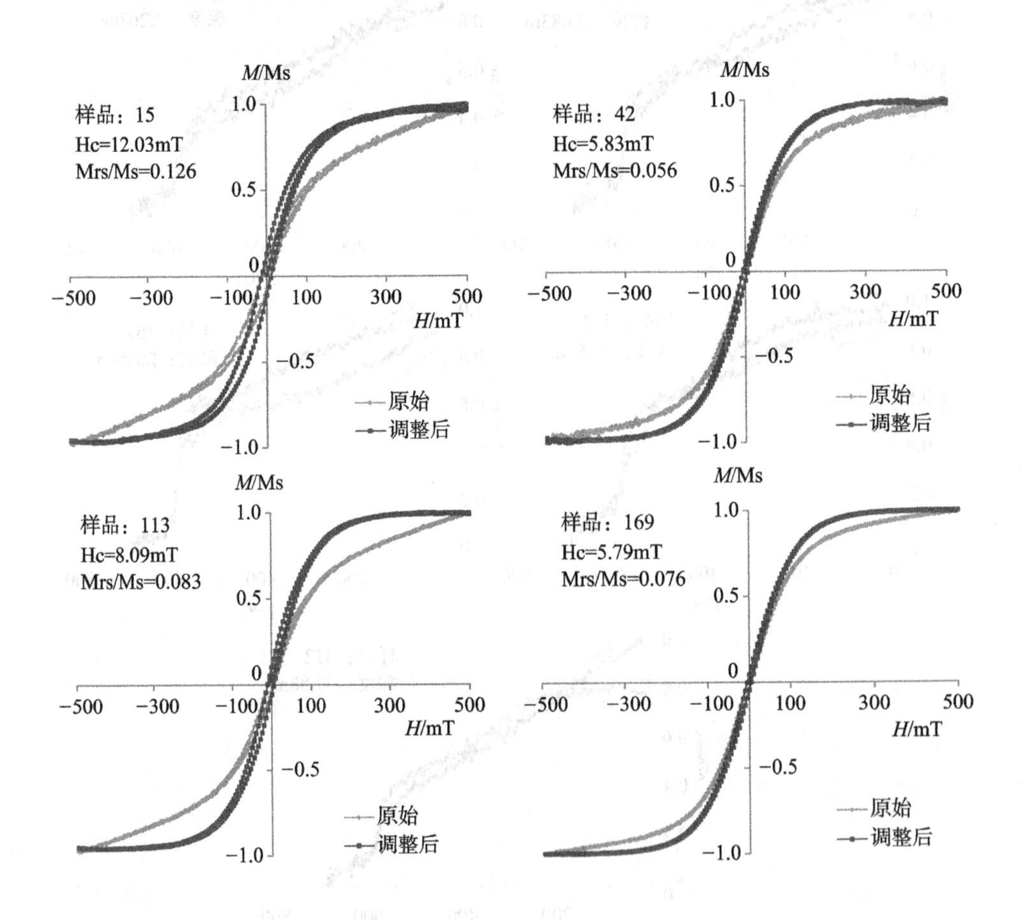

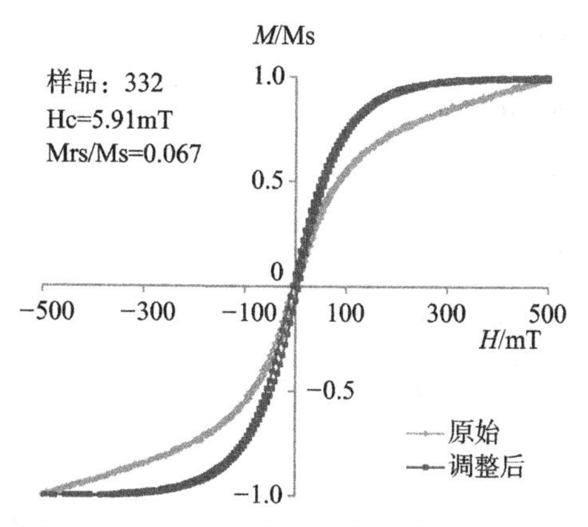

图 5-24　YZ07 孔全新世典型样品磁滞回线

5.3.5.5　IRM 获得曲线和退磁曲线

所有样品的 IRM 在 300mT 均达到 SIRM 的 90% 以上，表明样品中磁性矿物主要是软磁性矿物。退磁曲线表明，所有样品的 Hcr 均小于 50mT，也指示了样品中以软磁性矿物为主导（图 5-25）。

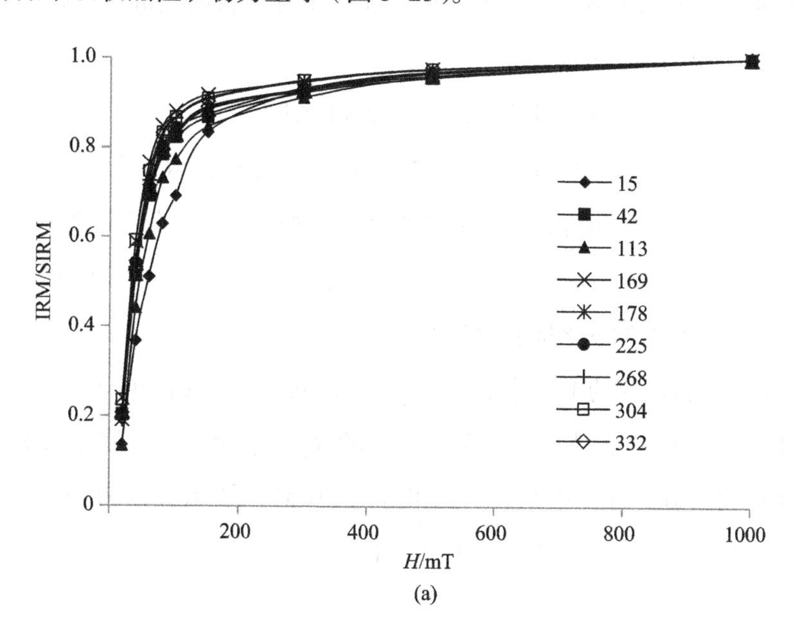

(a)

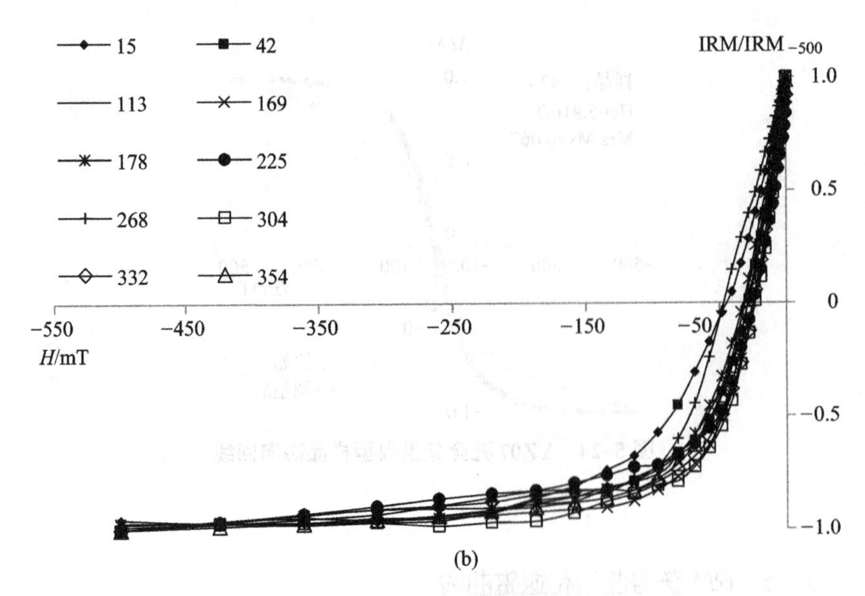

图 5–25　YZ07 孔全新世典型样品 IRM 获得曲线（a）和退磁曲线（b）

5.3.5.6　高斯累计（CLG）模型

笔者进一步利用高斯累计模型来定量对 IRM 获得曲线进行分解，其结果如图 5–26 和表 5–13 所示。

所有样品的 IRM 获得曲线都可以分为两个组分。

取自潮滩相的 50 号样品（深度 5.58m）第一组分的 $B_{1/2}$ 为 35.5mT，属于低矫顽力软磁性矿物组分，第二组分的 $B_{1/2}$ 为 398.1mT，属于高矫顽力的硬磁性矿物组分。样品中第一、二组分对 SIRM 的贡献分别为 87% 和 13%，表明样品中以低矫顽力的软磁性矿物为主。

取自水下潮滩相的 100 号样品（深度 10.916m）第一组分的 $B_{1/2}$ 为 34.7mT，属于低矫顽力软磁性矿物组分，第二组分的 $B_{1/2}$ 为 354.8mT，属于高矫顽力的硬磁性矿物组分。样品中第一、二组分对 SIRM 的贡献分别为 88% 和 12%，表明样品中以低矫顽力的软磁性矿物为主。

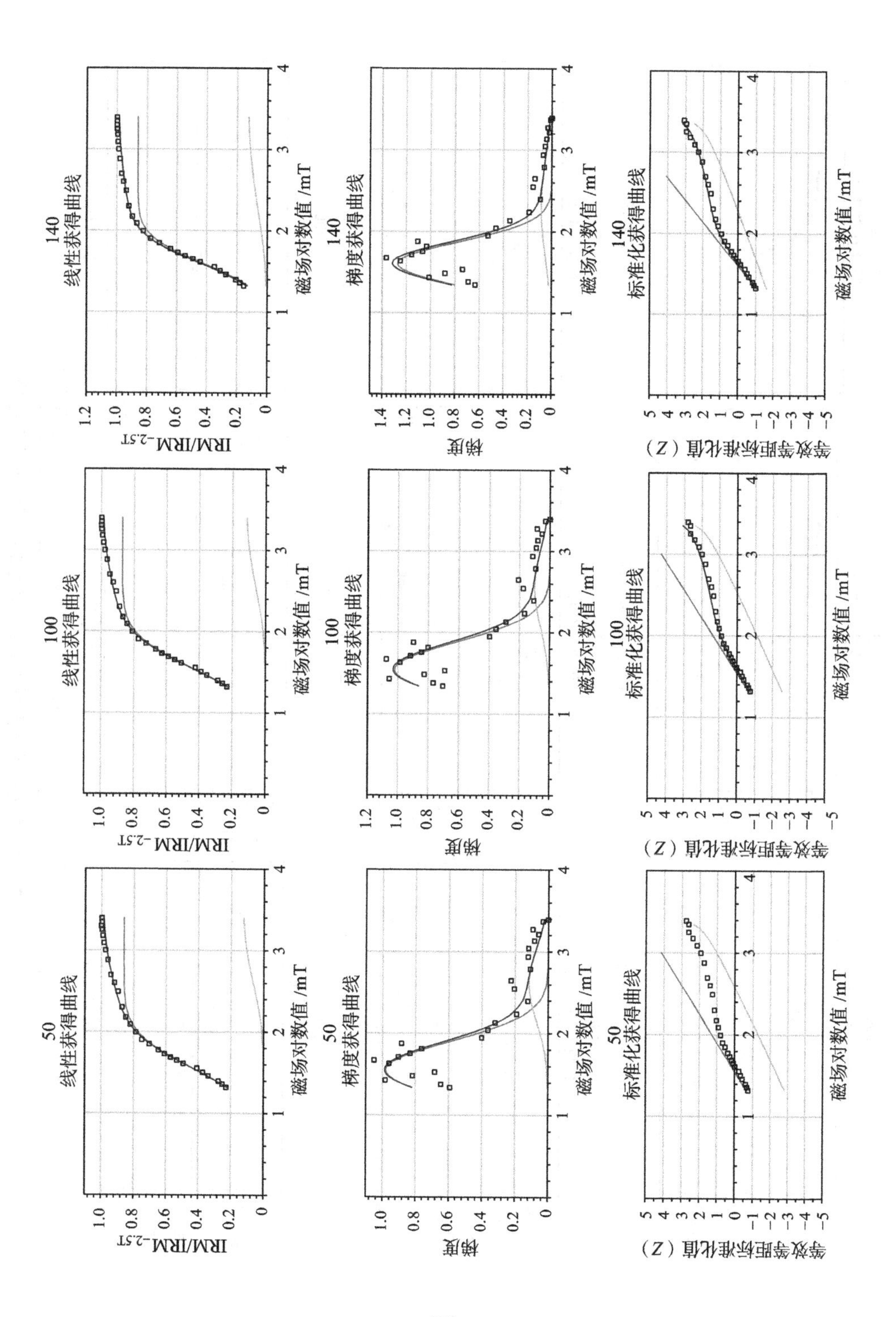
50
线性获得曲线
100
线性获得曲线
140
线性获得曲线
IRM/IRM$_{-2.5T}$
磁场对数值 /mT
50
梯度获得曲线
100
梯度获得曲线
140
梯度获得曲线
梯度
磁场对数值 /mT
50
标准化获得曲线
100
标准化获得曲线
140
标准化获得曲线
等效等距标准化值（Z）
磁场对数值 /mT

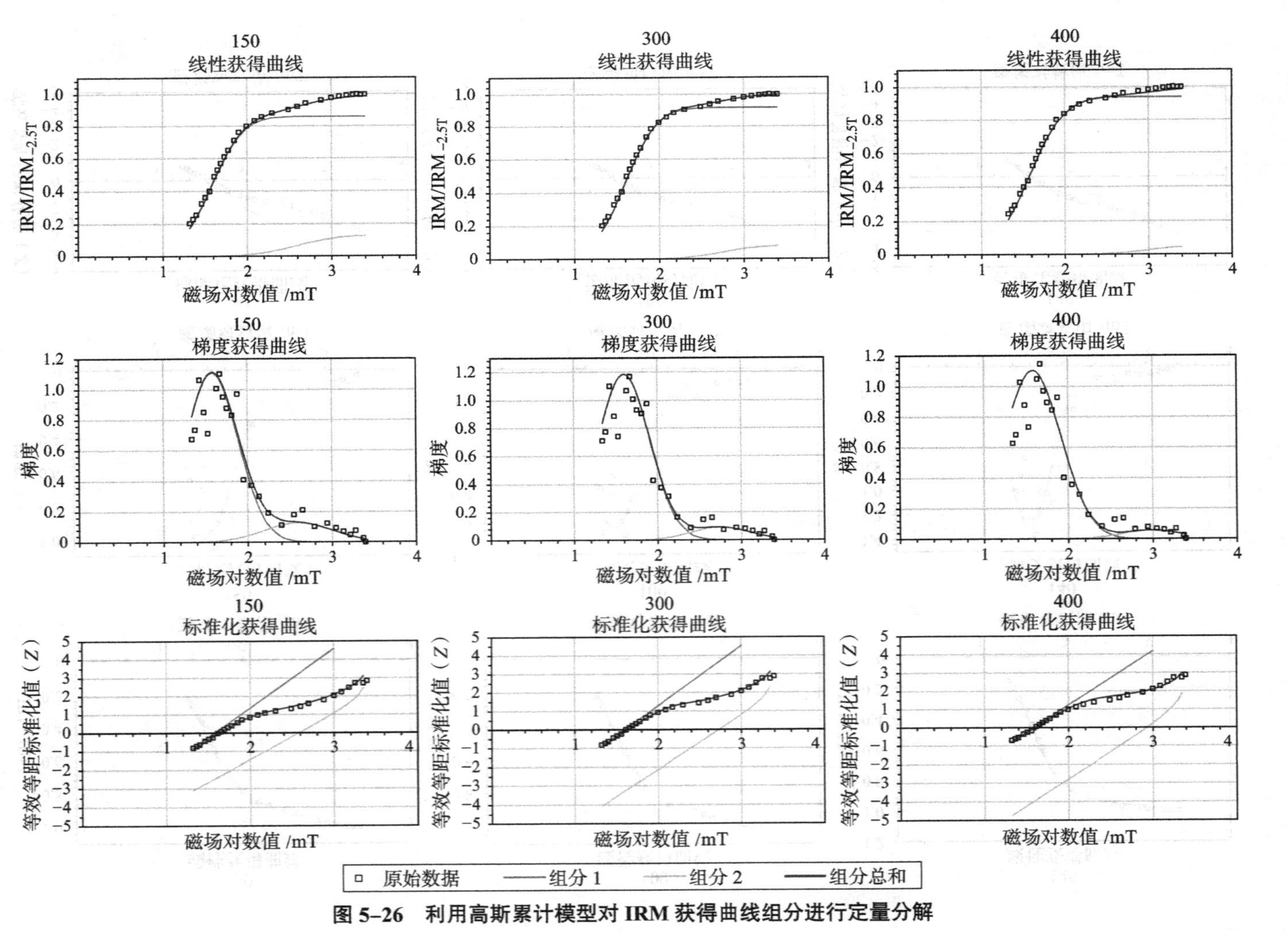

图 5-26　利用高斯累计模型对 IRM 获得曲线组分进行定量分解

表 5-13　南黄海辐射沙脊群 YZ07 孔全新世典型样品高斯累计模型数据

样品	组分	log（$B_{1/2}$）	$B_{1/2}$/mT	贡献 /%	离散程度
50	1	1.55	35.5	87	0.35
	2	2.60	398.1	13	0.45
100	1	1.54	34.7	88	0.34
	2	2.55	354.8	12	0.48
140	1	1.60	39.8	87	0.27
	2	2.30	199.5	13	0.60
150	1	1.58	38.0	87	0.31
	2	2.60	398.1	13	0.41
300	1	1.60	39.8	92	0.31
	2	2.75	562.3	8	0.35
400	1	1.68	38.0	95	0.34
	2	2.99	977.2	5	0.35

取自河口 – 滨海相的 140 号样品（深度 14.92m）第一组分的 $B_{1/2}$ 为 39.8mT，属于低矫顽力软磁性矿物组分，第二组分的 $B_{1/2}$ 为 199.5mT，属于高矫顽力的硬磁性矿物组分。样品中第一、二组分对 SIRM 的贡献分别为 87% 和 13%，表明样品中以低矫顽力的软磁性矿物为主。

取自河漫滩 – 河口相的 150 号样品（深度 15.85m）第一组分的 $B_{1/2}$ 为 38.0mT，属于低矫顽力软磁性矿物组分，第二组分的 $B_{1/2}$ 为 398.1mT，属于高矫顽力的硬磁性矿物组分。样品中第一、二组分对 SIRM 的贡献分别为 87% 和 13%，表明样品中以低矫顽力的软磁性矿物为主。

取自河湖相的 300 号样品（深度 31.26m）第一组分的 $B_{1/2}$ 为 39.8mT，属于低矫顽力软磁性矿物组分，第二组分的 $B_{1/2}$ 为 562.3mT，属于高矫顽力的硬磁性矿物组分。样品中第一、二组分对 SIRM 的贡献分别为 92% 和 8%，表明样品中以低矫顽力的软磁性矿物为主。

取自河湖相的 400 号样品（深度 31.26m）第一组分的 $B_{1/2}$ 为 38.0mT，属于低矫顽力软磁性矿物组分，第二组分的 $B_{1/2}$ 为 977.2mT，属于高矫顽力的硬磁性矿物组分。样品中第一、二组分对 SIRM 的贡献分别为 95% 和 5%，表明样品中以低矫顽力的软磁性矿物为主。

5.4 小结

根据对 YZ07 孔沉积物磁性矿物、粒度、烧失量、硅藻、有孔虫以及光释光、^{14}C 和古地磁数据的分析，主要得到以下结论。

（1）根据 AMS^{14}C、光释光以及古地磁的测年数据，表明：YZ07 孔记录了过去 130ka 的古气候、古环境变化的信息。

（2）利用生物指标结合沉积相分析，可知 YZ07 孔在不同时期发育沉积相不同：MIS1 时期主要发育潮滩 – 滨海相，MIS3 时期主要发育浅海相，MIS4 时期主要发育河口 – 河漫滩相，MIS5 时期主要发育滨海 – 河口三角洲相，MIS6 时期主要发育河流 – 湖沼相。

（3）在不同的沉积相中，磁性矿物不同。海相和河流相主要以低矫顽力的软磁性矿物（磁铁矿）为主导，含有少量的高矫顽力的硬磁性矿物（赤铁矿）。湖沼相主要以高矫顽力的硬磁性矿物（赤铁矿）为主导。

第6章 南黄海辐射沙脊群沉积物的磁学性质变化机制及其古环境意义

6.1 岩石磁学性质的变化机制

南黄海辐射沙脊群Y2孔和YZ07孔岩性中不同的沉积阶段磁性矿物的含量、种类和磁畴特征均存在显著的差异，那么是什么原因造成的差异？下文将以岩性特征和磁学性质为基准，结合其他一些物理和化学指标，深入探讨这一过程的变化机制。

学者们对南黄海辐射沙脊群沉积物的来源在早期看法不一。王颖（2014）认为辐射沙脊群的泥沙主要来自古长江以及现代长江流域，黄河仅在全新世最大海侵以来对辐射沙脊群背部有所影响。在本研究中，长江沉积物和黄河沉积物以及长江与黄河共同影响的沉积物中，磁性矿物均以磁铁矿为主导，因此，沉积物来源的改变并不是影响Y2孔和YZ07孔中磁性矿物种类的主要因素。

在铁氧化物还原环境中，当有机质含量较低时，只经历铁氧化物还原的早期阶段，碎屑成因的亚铁磁性铁氧化物首先被还原分解（Robinson et al., 2000）。有学者认为在还原环境中，对磁性矿物的分解主要体现在软磁性矿物（磁铁矿）组分上，硬磁性矿物（赤铁矿和针铁矿）组分受到的影响较小。当沉积速率正常时，磁铁矿的最大分解主要发生在两个阶段，首先是沉积过程中有机质开始分解的阶段，其次是沉积后由于较高的有机质含量而引起硫元素还原的阶段；当沉积速率较低时，即使碳含量低于 3% 也会发生磁铁矿的分解（Snowball，1993）。奥斯霍特等（Orschot et al.，2002）在使用草酸氨溶解不同样品的研究中指出，有机质分解过程对磁性矿物的分解并不是一视同仁，而是有选择性的，细颗粒首先被还原分解，然后按照粒度逐渐变粗的方式逐步被分解；在细颗粒分解时优先溶解细颗粒的是磁赤铁矿，然后是磁铁矿。

在 Y2 孔和 YZ07 孔中，各层位在磁性矿物种类上存在截然不同的情况，河流相和海相沉积物中主要以磁铁矿为主，含有少量的赤铁矿，而湖沼相和古土壤层中主要以赤铁矿为主。磁铁矿含量的减少通常与强烈的沉积还原成岩过程密切相关（Snowball，1988；Roberts，Turner，1993；Robinson et al.，2000；Rowan et al.，2009）。因此，笔者认为在探讨磁学性质变化机制时必须将还原成岩过程的影响考虑在内。

首先，Y2 孔和 YZ07 孔中海相和河流相磁化率较高，亚铁磁性矿物含量较高，表明外源碎屑物带入充足；磁化率较低的层位亚铁磁性矿物含量较低，外源碎屑输入较少。相比之下，与还原成岩过程强度密切相关的烧失量变化则更为复杂。岩石磁学特征表明：岩芯中海相和河流相中含磁铁矿和磁赤铁矿的磁化率峰值明显高于平均值。对比磁化率和烧失量可知，二者存在明显的反相位变化（图 6–1）。因此，笔者认为岩芯中，就海相和河流相来说，外源碎屑物充足，受还原成岩作用影响较弱。磁化率较高的层位含砂和砾石较多，且含砂层位较厚，出现频率较高，大多对应于烧失量谷值，受还原成岩过程改造较弱，甚至没有经历改造过程，因此软磁性的磁铁矿含量较高。磁化率较低的湖沼相和古土壤层则对应于烧失量峰值，受还原成岩过程改造明显，热磁曲线表明这些层位没有磁铁矿，也没有胶黄铁矿的信息。在还原成岩过程中，细颗粒的软磁性铁氧化物首先被分解（Snowball，1988；Robinson et al.，2000）。因此，磁化率较低的层位磁铁矿被部分或完全分解。在磁化率较低的层位并没有发现胶黄铁矿的信息，笔者结合前人在邻近区域的研究（Ge et al.，2015），认为该研究区高含量的惰性有机质、高的沉积速率以及较低的硫元素含量限制了胶黄铁矿的形成和保存。同时笔者发现在距离岸外相对较远的 Y5 孔中，选自湖沼相中的样品的加热 κ–T 曲线在 300℃左右有明显降低（Horng，Robert，2006；Shi et al.，2001；Torri et al.，1996；Chen et al.，2015），证实了在湖沼相中胶黄铁矿的存在，也证实了高的沉积速率影响了胶黄铁矿的形成和保存（图 6–2）。

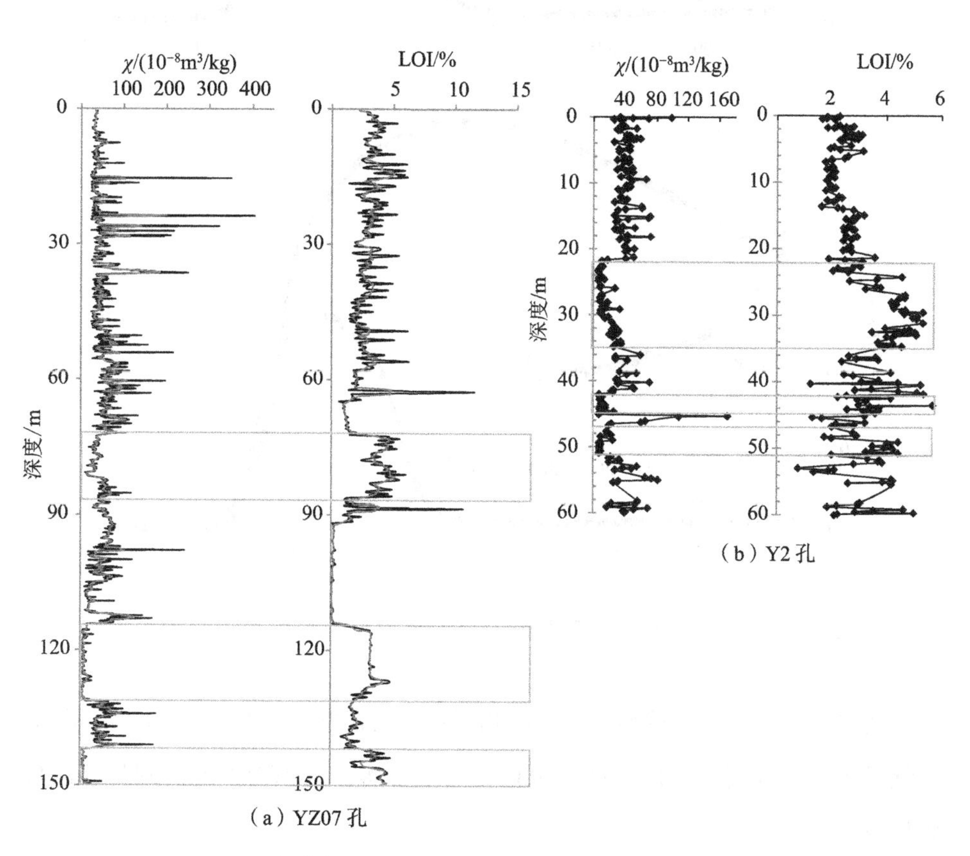

图 6–1　南黄海辐射沙脊群不同孔磁化率与烧失量对比曲线

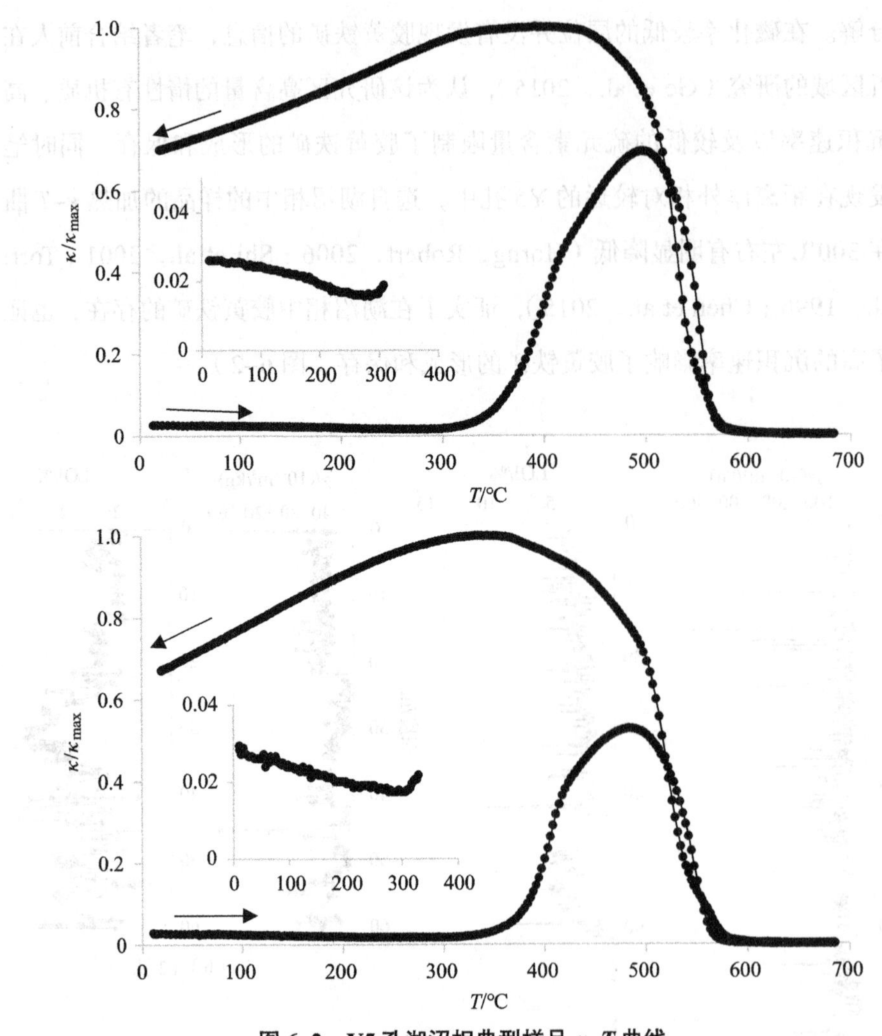

图 6–2　Y5 孔湖沼相典型样品 κ–T 曲线

其次，由于长江和黄河是南黄海辐射沙脊群沉积物磁性矿物的主要来源，在气候较为干冷时期，研究区域沉积物完全暴露，沉积物不能得到足够磁性矿物输入。

综上所述，南黄海辐射沙脊群地区 Y2 孔和 YZ07 孔中岩石磁学性质主要是由外源碎屑物的带入量和沉积后的还原成岩过程的强度决定的。岩芯中，河流相和海相磁化率较高的层位由于碎屑物带入量充足，且还原成岩过程强度较低，有磁铁矿保留下来；而磁化率较低的湖沼相和古土壤层位的外源碎屑物代入量相对较少，且还原溶解作用较强，亚铁磁性矿物含量低，仅有少量磁铁矿保存下来。

6.2　Y2 孔沉积物磁性特征的环境意义

氧化还原过程受多种因素控制，包括湖面、沉积速率、沉积物有机质含量、可利用铁和硫，以及磁性矿物的粒径和成分。例如，威廉姆森等（Williamson et a1.，1998）对马达加斯加热带玛珥湖沉积物的研究表明，在气候干旱期，湖面水位降低，高矫顽力矿物（赤铁矿、针铁矿）优先保存；而在湖水永久分层的环境下，其却优先溶解。纳木错湖全新世以来动力学条件的差异导致输入粒径大小不一样，其溶解程度不一样，造成不同阶段磁性矿物的性质差异。

研究结果揭示了晚更新世以来南黄海辐射沙脊群东沙的长周期演化过程，根据沉积相分析，将其划分为三个演化阶段，根据 AMS^{14}C 测年和钻孔之间的地层对比，推断 E1 和 E2 阶段介于 45~25ka B.P.；E3 阶段为古土壤发育阶段，大致在 25~12ka B.P.，E4 阶段为全新世潮流沙脊发育阶段，大致为 7ka B.P. 至今（图 6–3）。

E1 和 E2 阶段（45~25ka B.P.）：研究区在该阶段早期主要发育河床相，晚期主要发育潮滩相，其中在河床相中包含两层薄的古土壤层。从已经获得的年代数据来看，该阶段沉积物的年龄下限不应老于 60ka B.P.，上限应不大于 25ka B.P.，该阶段全球海平面普遍比现在低 60~80m。如果按照 1/1000 的坡度推算，当时的海岸线位于现海岸线以外 60~80km，推断下来研究区在当时应该在海岸线附近，因此发育潮滩相和河床相沉积是合理的。该阶段除

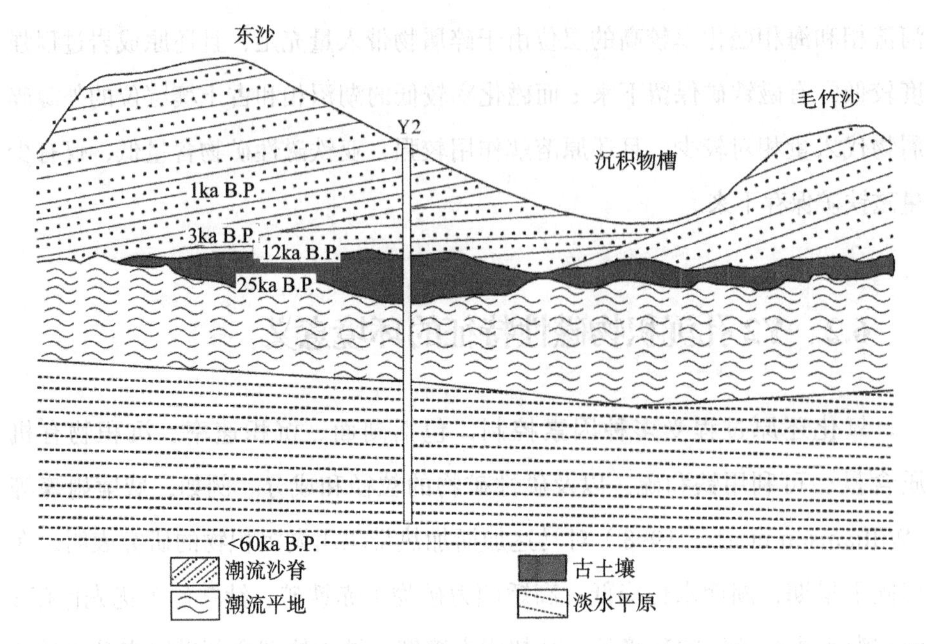

图 6–3　研究区沙脊－潮流通道沉积体系演化模式（李清，殷勇，2013）

两层薄古土壤以外，磁性矿物含量较高，磁性矿物主要以磁铁矿为主，表明该时期气候较为湿润，有机质含量较低，从而有利于形成氧化环境使得磁性矿物能较好保存。两层薄古土壤层中，磁性矿物主要以赤铁矿为主，表明MIS3时候的气候波动剧烈，以及古土壤形成时期气候较为干冷，沉积物中有机质含量较高，使得还原环境增强。细颗粒的磁铁矿大量溶解，赤铁矿得以保存。同时由于陆源输入减少，加上该地区沉积速率较快，有机质多为惰性有机质，海水中硫含量不大，沉积环境不适合大量胶黄铁矿生成，这与相邻地区的研究结果一致（Ge et al.，2015）。

E3 阶段（25~15ka B.P.）：随着末次冰盛期海水完全退出本区，研究区成为裸露的陆相沉积环境，发育古土壤沉积。在间歇性雨水作用下，遭受一定成壤作用，形成磷铁矿和钙质结核，并压实脱水形成古土壤层。古土壤层是长江三角洲地区的标志性沉积。该阶段磁性矿物含量较低，磁性矿物主要以赤铁矿为主，有机质含量较高，表明该时期气候较为干冷，沉积环境处于还原环境中，细的磁铁矿溶解，导致磁性矿物含量降低，赤铁矿得以保存（Ge et al.，2015）。

E4 阶段（7ka B.P. 至今）：7ka B.P. 以来，随着海平面上升并向高海面发展，研究区被海水完全淹没，潮流作用逐渐增强，潮波扰动、掘蚀海底泥沙，形成潮流通道雏形，掘蚀下来的泥沙堆积成潮流沙脊雏形。以后在长时期的演化过程中，潮道不断被掘深，沙脊不断被堆高，成为水下沙脊。1128 年黄河南徙，带来大量泥沙，沙脊 – 潮流通道沉积体系迅速发育，最终成为有很多沙岛露出水面的超级内陆架潮流沙脊系统。此阶段磁性矿物含量较高，磁性矿物主要以低矫顽力的磁铁矿为主，表明该时期气候较为湿润，有机质含量较低，暗示了该阶段处于氧化环境中。

6.3　YZ07 孔沉积物磁性特征的环境意义

南黄海辐射沙脊群 YZ07 孔岩芯地层层序与邻近钻孔对比以及海平面变化的对比关系可归纳为图 6–4 和图 6–5。

晚第四纪以来该地区的沉积环境演化与底层格架可总结如下。

6.3.1　中更新世晚期（~128ka B.P.）：MIS6 阶段

对应于钻孔岩芯 72.1m 以下的沉积层序，研究区主要为河流 – 湖沼相沉积环境。第四纪海面多次下降，导致侵蚀基准面随之下降。在 MIS6 时期为冰期环境，喜马拉雅山东部的空布岗峰东麓存有显著的冰川作用的痕迹（吴中海 等，2008）。随着冰期环境的来临，全球海平面下降，导致河流向海推进，陆架区发育于深切河谷系。与末次冰期最盛期相似，MIS6 期海平面的下降，

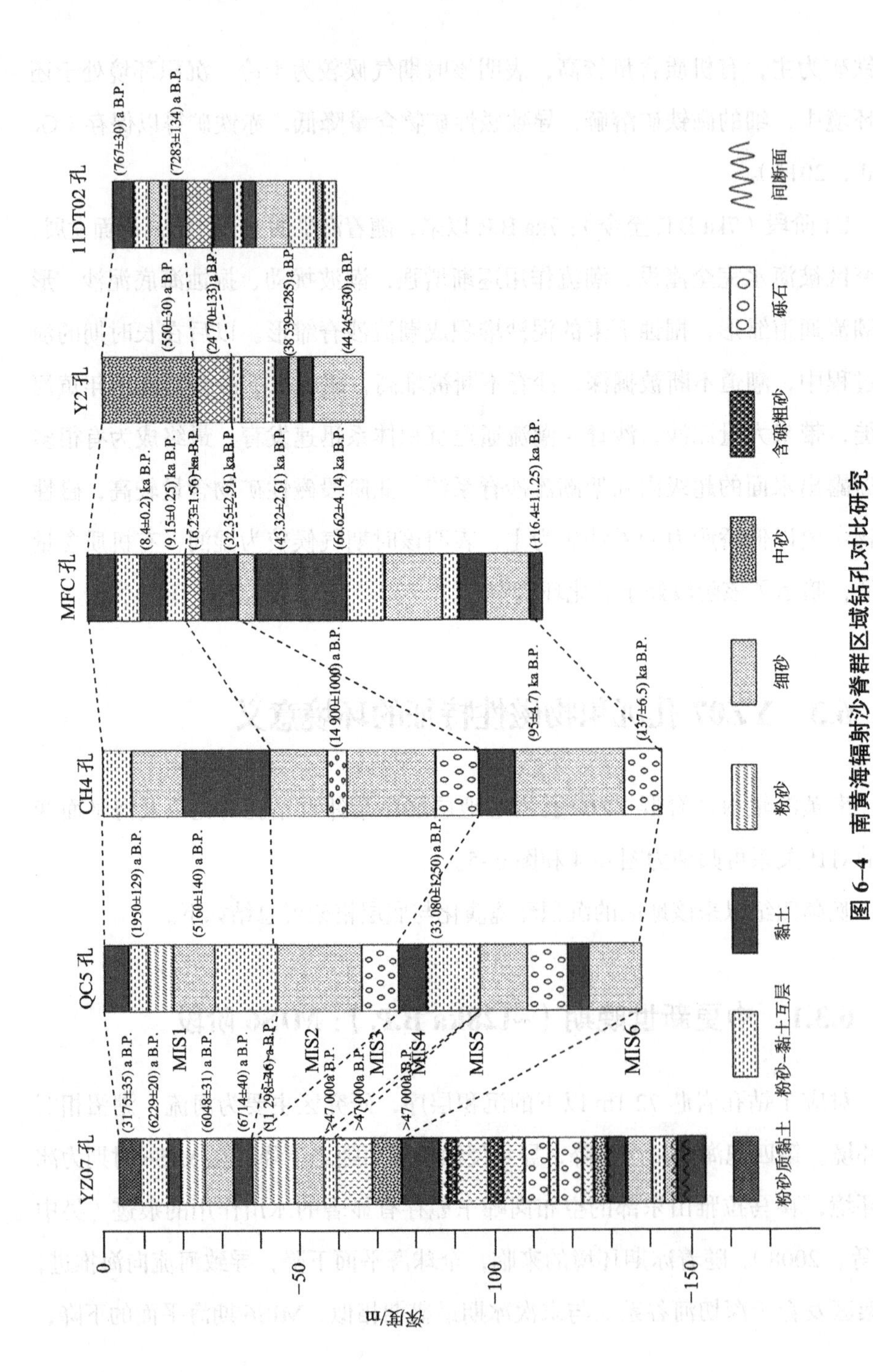

图 6–4　南黄海辐射沙脊群区域钻孔对比研究

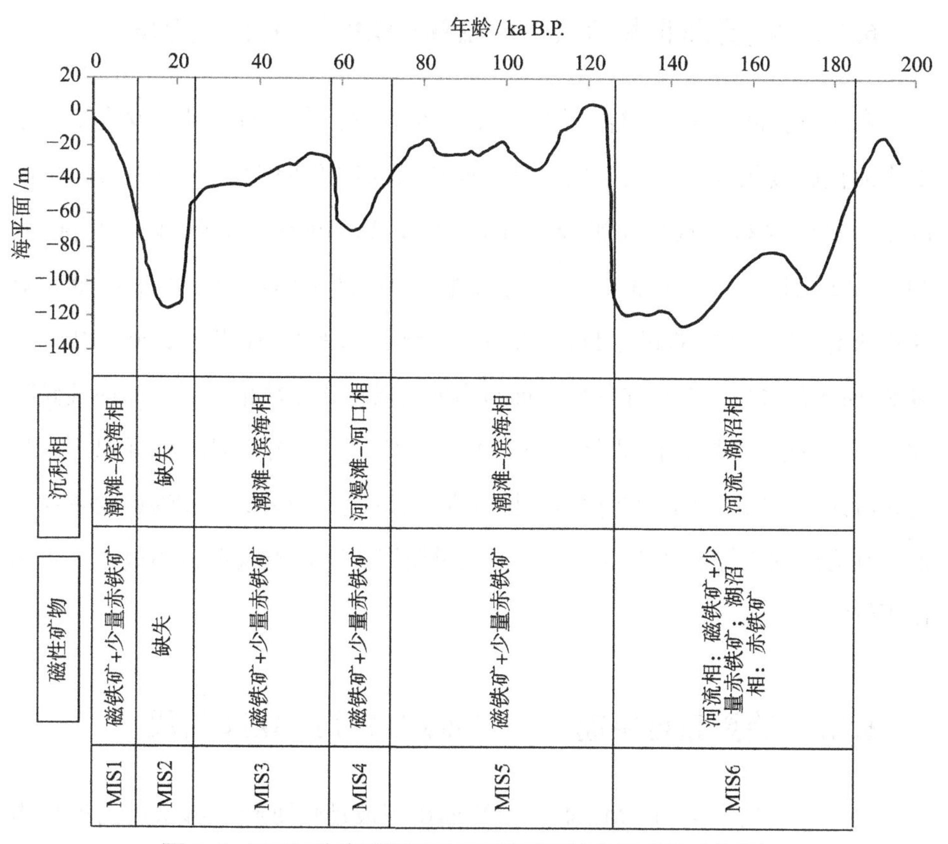

图 6–5　YZ07 孔晚更新世以来沉积环境演化及磁性矿物特征

在黄海陆架上发育古河道。查普尔等（Chappell et al.，1996）认为在 MIS6 期后期 2 次最低海平面均约为 –120m。YZ07 孔在该时期自上而下主要发育湖沼相、河漫滩 – 河口相、湖沼相、河床相、河漫滩 – 河床相、河流 – 河口相和湖沼相，暗示了该区域在中更新世晚期气候较为寒冷，主要发育河流相和湖沼相，同时其磁学指标的剧烈波动表明了该时期气候的不稳定。在河流相中，磁性矿物含量明显高于湖沼相，结合 LOI 数据分析，指示湖沼相中磁性矿物处于还原环境，受到还原溶解作用，磁性变低，同时，湖沼相由于缺乏外界的输入，磁性矿物减少，使得湖沼相中磁性矿物的含量降低。

6.3.2 晚更新世早期（70~128ka B.P.）：MIS5 阶段

在晚更新世早期，全球气候变暖，冰川融解，海平面上升，发生第四纪以来海侵幅度较大的一次海侵，海平面在氧同位素 5e 时达到最高，此阶段海平面高度要高于现今海平面（Chappell et al.，1996；Lambeck，Chappell，2001；Siddall et al.，2003），有研究认为当时的海平面比现今海平面至少要高出 3m，甚至有可能超过 5m（Vezina，Jones，1999；Stirling et al.，1998）。MIS5 阶段是最后一个整体气候特征与当前气候特征非常相似的全球性气候时期，YZ07 孔在晚更新世早期（MIS5）主要发育滨海相和潮滩相沉积相，与前人研究中该地区经历的海侵事件相对应（Yi et al.，2012），磁性矿物主要以低矫顽力的软磁性矿物为主，暗示了该时期沉积物处于氧化的环境中，还原作用较弱。

6.3.3 晚更新世中期（70~60ka B.P.）：MIS4 阶段

进入氧同位素 4 期（MIS4），海平面出现波动性下降，海水逐渐退出南黄海的大部分区域，直到低于现代海平面 80m 左右。本研究区已经全部裸露成陆，但可能由于气候以及长江入海等因素的影响，研究区内的陆相沉积发育不明显，主要是河流相，又受到后期侵蚀作用的影响，能保留下来的地层很薄，大部分缺失。该时期沉积物中磁性矿物主要以高矫顽力的硬磁性矿物为主，暗示了该时期沉积物处于还原的环境中。

6.3.4 晚更新世晚期（60~25ka B.P.）：MIS3 阶段

MIS3 期是末次冰期的一个温暖期，为末次冰期亚间冰期。MIS3 期夏季降雨强盛（Wang et al.，2008），在 MIS3 期的晚期（40~30ka B.P.），青藏高原处于暖湿气候阶段，湖泊扩张，湖平面比现在高出 30~200m（施雅风，刘晓东，1999；施雅风，贾玉连，2002）。60~50ka B.P. 期间，在西非（Weldeab et al.，2007）和地中海东部（Bar-Matthews et al.，2000，2003）地区的季风降雨表现出中等程度的加强。MIS3（约 60~25ka B.P.）海平面呈现高频率、低幅度的海平面波动，海平面从 -40m 波动下降到 -80m（Chappell et al.，1996;Mott et al.，1996，Cabioch et al.，2001），渤海地区 MIS3 海平面在 -60~-35m 之间变化（Liu et al.，2009）。此外，欧洲、北美、东南亚和澳大利亚等地区的研究则表明，MIS3 期部分地区海平面可高于 -40m 左右（-20~-15m）（Rodriguez et al.，2000；Mauz，Hassler，2000；Cann，2000；Hanebuth et al.，2006）。南黄海辐射沙脊群 YZ07 孔在该时期主要发育海相，磁性矿物主要以低矫顽力的软磁性矿物为主，暗示了该时期沉积物处于氧化的环境中，还原作用较弱。

6.3.5　全新世（15~0ka B.P.）: MIS1 阶段

冰后期以后，全球气候开始转暖，海平面开始上升。有研究表明，海平面的上升是阶梯式的，有几次主要的全球冰融水事件，使海平面快速上升（Hanebuth et al.，2006）。14.3~14.1ka B.P. 期间的 MWP-1A 事件使海平面从 -96m 快速上升到 -80m；14.1~11.5ka B.P. 期间，海平面缓慢上升，从 -80m 逐渐上升到 -60m；11.6~11.2ka B.P. 期间的 MWP-1B 事件，使海平面从 -60m 迅速上升到 -40m，然后缓慢上升，至约 9.8ka B.P.，海平面达到 -36m；约 9.9~9.0ka B.P. 期间的 MWP-1C 事件，使海平面从 -36m 快速上升至 -16m；9.0~6.0ka B.P. 期间，海平面从约 -16 m 上升至全新世最高海平面，期间经历了 8.2ka B.P. 和 7.6ka B.P. 两次小幅海平面快速上升事件，之后海平面经历 3~5m 的波动直至现今的海平面位置。全新世以后，海平面急剧上升，南黄海的陆架随着海水的入侵开始形成浅海沉积相。南黄海辐射沙脊群 YZ07 孔在该时期主要发育潮滩 – 滨海相，磁性矿物主要以低矫顽力的软磁性矿物为主，暗示了该时期沉积物处于氧化的环境中，还原作用较弱。

6.4 小结

南黄海辐射沙脊群物质来源、水动力条件以及地质地貌条件复杂多变，使得研究该区域沉积物中磁性矿物变化较为困难。在本研究中，南黄海辐射沙脊群中沉积物主要来源于长江和黄河，而长江和黄河的沉积物均以软磁性矿物（磁铁矿）为主导，因为，笔者认为沉积物来源的改变并不是影响 Y2 孔和 YZ07 孔沉积物种类的主要因素。同时，笔者发现无论是 Y2 孔的古土壤层还是 YZ07 孔的湖沼相，沉积物主要来源于长江和黄河，而该时期古土壤层和湖沼相得不到磁性矿物的有效补充，因此笔者认为磁性矿物来源的减少是 Y2 孔古土壤层和 YZ07 孔湖沼相磁化率降低的原因之一。通过 Y2 孔和 YZ07 孔磁化率和烧失量的对比发现，磁化率低值往往对应了烧失量的高值，即磁化率较低的层位，有机质含量较高；结合前人研究成果，笔者认为还原成岩作用是导致 Y2 孔古土壤层和 YZ07 孔湖沼相磁化率降低的又一原因。综上所述，磁性矿物来源的减少和还原成岩作用是导致 Y2 孔古土壤层和 YZ07 孔湖沼相磁化率降低的重要原因。

第 7 章　结论和展望

本书选取南黄海辐射沙脊群 Y2 和 YZ07 钻孔岩芯，在古地磁、光释光、AMS14C 测年的基础上，重点通过大量的磁学参数测试和磁性矿物特征分析，结合沉积物粒度、有机质、微体化石等环境指标，探讨了晚更新世以来磁性矿物特征、沉积过程、保存条件以及与沉积环境的关系。同时，通过对江苏沿海现代潮滩沉积物磁性矿物的研究，详细探讨了影响钻孔沉积物磁性矿物的影响因素。本书的主要结论、创新点及存在的不足如下。

7.1　结论

（1）江苏沿海现代潮滩沉积物研究表明：东西连岛潮滩沉积物主要来源于近岸岩石风化，大丰以北潮滩沉积物主要来源于黄河沉积物，如东以南潮滩沉积物主要来源于长江，两者之间受两条大河的共同影响。岩石磁学分析表明，江苏沿海潮滩沉积物的磁性矿物主要以磁铁矿为主导，含有少量的赤铁矿。

（2）Y2 孔沉积相分析表明：Y2 孔沉积相自下而上分别是：潮滩相和河床相、古土壤和潮流沙脊相。在河床相中包含两个古土壤层。潮滩相和河床相主要发育于 45~25ka B.P.，古土壤层发育于 25~12ka B.P.，潮流沙脊相主要发育于 7ka B.P. 至今。由于海侵作用，Y2 孔并未包含早全新世发育的沉积物。岩石磁学数据分析表明：潮流沙脊相、潮滩相和河床相主要以软磁性矿物为主导，含有少量的硬磁性矿物，沉积环境为氧化环境。古土壤层主要以硬磁性矿物为主导，沉积环境为弱氧化环境。

（3）YZ07孔数据分析表明：YZ07孔记录了过去MIS6阶段以来的古气候、古环境变化的信息。MIS1、MIS3、MIS5主要发育海相，MIS4、MIS6主要发育河流相和湖沼相。河流相和海相沉积物中磁性矿物主要以低矫顽力的软磁性矿物为主导，沉积环境为氧化环境。湖沼相中磁性矿物主要以高矫顽力的硬磁性矿物为主导，沉积环境为弱氧化环境。。

（4）结合江苏沿海现代潮滩沉积物磁性矿物特征进行分析，认为：物质来源变化并不是造成Y2孔古土壤层和YZ07孔湖沼相磁性矿物发生改变的原因。结合全球、区域海平面变化以及钻孔烧失量数据进行分析，认为：海平面变化引起的物质来源减少和还原成岩作用是造成湖沼相中磁性矿物含量减少的主要原因。同时，该地区沉积速率高，高含量的惰性有机质以及较低的硫元素含量等因素限制了胶黄铁矿的形成。

7.2 创新点

（1）发现了江苏沿海现代潮滩沉积物磁性矿物以低矫顽力的软磁性矿物（磁铁矿）为主。

（2）钻孔沉积物中不同的沉积相具有不同特征的磁性矿物，其中，潮流沙脊相、潮滩相和河流相主要以软磁性矿物（磁铁矿）为主，含有少量的硬磁性矿物（赤铁矿）；而硬黏土层主要以硬磁性矿物（赤铁矿）为主。

（3）发现晚更新世以来沉积物的磁学特征与冰期-间冰期、海退-海侵的环境变化过程有关，间冰期高海面的海相沉积以软磁性矿物（磁铁矿）为主，低海面的湖沼相以硬磁性矿物（赤铁矿）为主。

7.3 展望

本书通过详细的岩石磁学测试，探明了江苏沿海潮滩及钻孔岩芯中磁性矿物的种类和含量特征，并在此基础上结合多方法、多指标解释了岩芯中部不同时期磁学性质差异的内在机制，显示了磁学手段在古环境、古气候研究的广泛发展前景。同时，笔者在研究过程中发现，岩芯中岩石磁学、环境磁学研究还有很多方面今后有待进一步深入。

（1）目前笔者已经揭示了江苏沿海钻孔岩芯中磁学性质的变化机制，并分析了磁学性质的古环境指示意义。然而，海洋沉积特别是大陆架沉积环境比较复杂，磁性矿物在这类环境中受控因素非单一，磁学性质的变化机制比较复杂，磁学参数的古环境意义存在多解性。今后仍然需要与更多的直接反应环境变化的指标进行相互验证。

（2）本书解释了还原成岩过程对磁学性质的影响，但这一模型的普遍性还有待将来通过在本研究区域更多钻孔的研究成果来检验。

（3）参数的变化直接受控于沉积环境的变化，而不是直接影响古气候变化，因此，磁学参数如何反映古气候变化还需进一步研究。

参考文献

ABRAJEVITCH A，DERVOO R V，REA D K，2009. Variations in relative abundances of goethite and hematite in Bengal Fan sediments：Climatic vs. diagenetic signals[J]. Marine geology，267（3-4）：191–206.

ABRAJEVITCH A，KODAMA K，BIOCHEMICAL V S，2009. Detrital mechanism of remanence acquisition in marine carbonates：A lesson from the K–T boundary interval [J]. Earth and Planetary Science Letters，（286）：269–277.

ABRAJEVITCH A，VANDER V R，REA D K，2009. Variations in relative abundances of goethite and hematite in Bengal Fan sediments：Climatie vs diagenetic signals [J]. Marine Geology，（267）：191–206.

ALT-EPPING U，STUUT J B W，HEBBELN D，et al.，2009. Variations in sediment provenance during the past 3000 years off the Tagus River，Portual [J]. Marine Geology，（261）：82–91.

AO H，DENG C L，DEKKERS M J，et al.，2010. Magnetic mineral dissolution in Pleistocene fluvio–lacustrine sediments，Nihewan Basin（North China）[J]. Earth and Planetary Science Letters，（292）：191–200.

BAR-MATTHEWS M，AYALON A，GILMOUR M，et al.，2003. Sea-land oxygen isotopic relationships from planktonic foraminifera and speleothems in the Eastern Mediterranean region and their implication for paleorainfall during interglacial intervals [J]. Geochimica et Cosmochimica Acta，67（17）：3181–3199.

BAR-MATTHEWS M，AYALON A，KAUFMAN A，2000. Timing and hydrological conditions of Sapropel events in the Eastern Mediterranean，as evident from speleothems，

Soreq cave, Israel [J]. Chemical Geology, 169 (1–2): 145–156.

BLOEMENDAL J, DEMENOCAL P, 1989. Evidence for a change in the periodicity of tropical climate cycles at 2.4 Myr from whole–core magnetic susceptibility measurements [J]. Nature, (342): 897–900.

BLOEMENDAL J, KING J, HUNT A, 1988. Paleoenvironmental implications of rock–magnetic properties of Late Quaternary sediment cores from the eastern equatorial Atlantic [J]. Paleoceangraphy, (3): 61–87.

BLOEMENDAL J, KING J, HUNT A, et al., 1993. Origin of the sedimentary magnetic record at Ocean Drilling Program sites on the Owen Ridge, western Arabian Sea [J]. Journal of Geophysical Research, (98): 4199–4219.

BOND G, HEINRICH H, BROEKER W, 1992. Evidence for massive discharges of icebergs into the North Atlantic Ocean during the last glacial period [J]. Nature, (365): 143–147.

BROECKER W S, 1994. Massive iceberg discharges as triggers for global climate change [J]. Nature, (372): 421–424.

CABIOCH G, AYLIFFE L K, 2001. Raised coral terraces at Malakula, Vanuatu, Southwest Pacific, indicate high sea level during marine isotope stage 3 [J]. Quaternary Research, 56 (3): 357–365.

CANFIELD D E, BERNER R A, 1987. Dissolution and pyritization of magnetite in anoxic marine sediments [J]. Geochimica et Cosmochimica Acta, (51): 645–659.

CANN J H, 2000. Late Quaternary Paleosealevels and Paleoenvironments inferred from Foraminifera, Northern Spencer Gulf, South Australia [J]. Journal of Foraminiferal Research, 30 (1): 29–53.

CHAPPELL J, OMURA A, ESAT T, et al., 1996. Reconciliaion of late Quaternary sea levels derived from coral terraces at Huon Peninsula with deep sea oxygen isotope record [J]. Earth and Planetary Sciences Letters, 141 (1–4): 227–236.

CHEN T, WANG Z H, WU X X, et al., 2015. Magentic properties of tidal flat sediments on the Yangtze coast，China：Early diagenetic alteration and implication [J]. The Holocene，DOI：10.1177/0959683615571425.

CHEN X D，DOUGLAS F W，YUAN Y R，et al.，1992. Paleomagnetism and paleoclimate change in the South China Sea since the late Pleistocene [J]. Acta Oceanologica Sinica，（11）：573-581.

COFAIGH C，DOWDESWELL J，2001. Late Quaternary iceberg rafting along the Antarctic Peninsula continental Rise and in the Weddell and Scotia Seas [J]. Quaternary Research，(56)：308-321.

COLIN C，KISSEL C，BLAMART D，et al.，1998. Magnetic properties of sediments in the Bay of Bengal and theAndaman Sea：impact of rapid North Atlantic Ocean climatic events on the strength of the Indian monsoon [J]. Earth and Planetary Science Letters，（160）：623-635.

COLLINSON D W，1983. Methods in Rock Magnetism and Paleomagnetism：techniques and instrumentation [M]. London：Chapman and Hall.

DEAING J，ELNER J，HAPPEY C，et al.，1981. Recent sediment flux and erosion processes in a Walsh upland lake-catchment base on magnetic susceptibility measurements [J]. Quaternary Research，（16）：356-372.

DEARING J A，DANN R J L，HAY K L，1996. Frequency-dependent susceptibility measurements of environmental materials [J]. Geophysical Journal International，（124）：228-240.

DEMORY F，OBERHANSLI H，NOWACZYK N R，et al.，2005. Detrital input and early diagenesis in sediments from Lake Baikal revealed by rock magnetism [J]. Global and Planetary Change，（46）：145-166.

DINARÈS T J，HOOGAKKER B A，ROBERTS A P，et al.，2003. Quaternary climatic control of biogenic magnetite production and eolian dust input in cores from the Mediterranean Sea [J]. Palaeogeography，Palaeoclimatology，Palaeoecology，（190）：195-209.

DOH S J，KING J W，LEINEN M，1988. A rock-magnetic study of giant piston core

LL44-Gpc3 from the central North Pacific and its paleoceanographic implications [J]. Paleoceanography，(3)：89.

DOWDESWELL J A，MASLIN M A，ANDREWS J T，et al.，1995. Iceberg productiong，debris rafting，and the extent and thickness of Heinrich layers (H1，H2) in North Atlantic sediments [J]. Geology，(23)：301–304.

ELDRETT J S，HARDING I C，WILSON P A，et al.，2007. Continental ice in Greenland during the Eocene and Oligocene [J]. Nature，(446)：176–179.

EVANS M E，HELLER F，BLOEMENDAL J，et al.，1997. Natural magnetic archives of past global change [J]. Surveys in Geophysics，18 (2)：183–196.

EVANS M E，HELLER F，2003. Environmental magnetism：Principle and Applications of Environmagnetics [M]. California：Academic Press，1–299.

EYRE J，1996. The application of high resolution IRM acquisition to the discrimination of remanence carriers in Chinese loess [J]. Studia Geophysica et Geodaetica，40 (3)：234–242.

FAUGERES J C，STOW D A V，1993. Bottom-current-controlled sedimentation：a synthesis of the contourite problem [J]. Sedimentary Geology，(82)：287–297.

FOLK R L，WARD W C，1957. Brazos river bar：A study in the signification of grain size parameters [J]. Sedimentary Petrology，27 (1)：3–27.

GALLAWAY E，TRENHAILE A S，CIOPPA M T，et al.，2012. Mineral transport and sorting in the swash–zone：northern Lake Erie，Canada [J]. Sedimentology，(59)：1718–1734.

GASSE F，1986. East Aferican diatoms [M]//CRAMER J，Bibiotheca Phycologica. Stuttgart：Strauss and Cramer GmbH.

GE C，ZHANG W G，DONG C Y，et al.，2015. Magnetic mineral diagenesis in the river–dominated inner shelf of the East China Sea，China [J]. Journal of Geophysical Research：Solid Erath，(120)：4720–4733. DIO：10.1002/2015JB011952.

GROUSSET F E，LABEYRIE L，SINKO J A，et al.，1993. Patterns of icerafted detritus in the glacial North Atlantic (40–55°N) [J]. Paleoceanography，8 (2)：175–192.

HANEBUTH Y J J, SAITO Y, TANABE S, et al., 2006. Sea levels during late marine isotope stage 3（or older?）reported from the Red River delta（northern Vietnam）and adjacent region [J]. Quaternary International, 145（2）: 119–134.

HASSOLD N J C, REA D K, VANDER P B A, et al., 2006. Late Miocene to Pleistocene paleoceanographic records from the Feni and Gardar drifts : Pliocene reduction in abyssal flow [J]. Palaeogeography, Palaeoclimatology, Palaeoecology,（236）: 290–301.

HASSOLD N J C, REA D K, VANDER P B A, et al., 2009. Mid–pliocene to recent abyssal current flow along the Antarctic peninsula : results from ODP Leg 178, Site 110 [J]. Palaeogeography, Palaeoclimatology, Palaeoecology,（284）: 120–128.

HEINRICH, H., 1988. Origin and consequences of cyclic ice rafting in the northeast Atlantic Ocean during the past 130000 years [J]. Quaternary Research,（29）: 143–152.

HELLER F, LIU T S, 1982. Magnetostratigraphical dating of loess deposits in China [J]. Nature,（300）: 431–433.

HESLOP D,2007. Dillon M. Unmixing magnetic remanence curves without a priori knowledge [J]. Geophysical Journal International, 170（2）: 556–566.

HESLOP D, DEKKERS M, KRUIVER P P, et al., 2002. Analysis of isothermal remanent magnetisation acquisition curves using the expectation-maximisation algorithm [J]. Geophysical Journal International,（148）: 58–64.

HESLOP D, DILLON M, 2007. Unmixing magnetic remanence curves without a priori knowledge [J]. Geophysical Journal International, 170（2）: 556–566.

HESSE P P, 1994. The record of continental dust from Australia in Tasman Sea sediments [J]. Quaternary Science Reviews, 13（3）: 57–272.

HOPKINSON J, 1889. Magnetic and other physical properties of iron at a high temperature [M]. London : Philosophical Transactions of the Royal Society of London.

HORNG C S, ROBERTS A P, 2006. Authigenic or detrital original of pyrrhotite in sediments? Resolving a paleomagnetic conundrum [J]. Earth and Planetary Science Letters,（241）: 750–762.

HOUNSLOW M W, MAHER B A, 1999. Source of the climate signal recorded by magnetic susceptibility variations in Indian Ocean sediments [J]. Journal of Geophysical Research,（104）: 5047–5061.

HU S Y, GODDU S R, HERB C, et al., 2015. Climate variability and its magnetic response in a lacustrine sequence in Heqing basin at the SE Tibetan Plateau since 900 ka [J]. Geophysical Journal International,（201）: 444–458.

ITAMBI A C, DOBENECK T V, MULITZA S, et al., 2009. Millennial-scale northwest African droughts related to Heinrich events and Dansgaard-Oeschger cycles : Evidence in marine sediments from offshore Senegal [J]. Paleoceanography,（24）: 1205.

ITAMBI A C, VON DOBENECK T, ADEGBIE A T, 2010. Millenial-scale precipitation changes over Central Africa during the late Quaternary and Holocene : evidence in sediments from the Gulf of Guinea [J]. Journal of Quaternary Science,（25）: 267–279.

KANFOUSH S L, HODELL D A, CHARLES C D, et al., 2002. Comparion of ice-rafted debris and physical properties in ODP Site 1094（South Atlantic）with the Vostok ice core over the last four climatic cycles [J]. Palaeogeography Palaeoclimatology Palaeoecology,（182）: 329–349.

KARLIN R, 1990. Magnetite diagenesis in marine sediments from the Oregon continental margin [J]. Journal of Geophysical Research,（95）: 4405–4419.

KARLIN R, LEVI S, 1983. Diagenesis of magnetic minerals in recent hemipelagic sediment [J]. Nature,（303）: 327–330.

KARLIN R, LYLE M, HEATH G R, 1987. Authigenic magnetite formation in suboxic marine sediments [J]. Nature,（326）: 490–493.

KENT D V, 1982. Apparent correlation of paleomagnetic Intensity and Climatic Records in Deep-sea sediments [J]. Nature,（299）: 538–539.

KING J W, CHANNELL J E T, 1991. Sedimentary magnetism, environmental magnetism and magnestostratigraphy [J]. Reviews of Geophysics,（29）: 358–370.

KIRSCHVINK J L，1982. Paleomagnetic evidence for fossil biogenic magnetite in western Crete [J]. Earth and Planetary Science Letters，59（2）：388–392.

KISSEL C，LAJ C，LEHMAN B，et al.，1997. Changes in the strength of the Iceland–Scotland Overflow Water in the last 200000 years：Evidence from magnetic anisotropy analysis of core SU90–93 [J]. Earth and Planetary Science Letters，（152）：25–36.

KISSEL C，LAJ C，MAZAUD A，et al.，1998. Magnetic anisotropy and environmental changes in two sedimentary cores from the Norwegian Sea and the North Atlantic [J]. Earth and Planetary Science Letters，（164）：617–626.

KISSEL C，LAJ C，MULDER T，et al.，2009. The magnetic fraction：A tracer of deep water circulation in the North Atlantic [J]. Earth and Planetary Science Letters，（288）：444–454.

KRUIVER P P，DEKKERS M J，HESLOP D，2001. Quantification of magnetic coercivity components by the analysis of acquisition curvesof isothermal remanent magnetisation [J]. Earth and Planetary Science Letters，189（3–4）：269–276.

LAMB H H，1977. Supplementary volcanic dust veil assessments [J]. Climate Monitor，（266）：425–433.

LAMBECK K，CHAPPELL J，2001. Sea level change through the last glacial cycle [J]. Science，292（5517）：679–686.

LARRASOAŇA J C，ROBERTS A P，ROHLING E J，2008. Magnetic susceptibility of eastern Mediterranean marine sediments as a proxy for Saharan dust supply [J]. Marine Geology，（254）：224–229.

LARRASONAŇA J C，ROBERTS A P，STONER J S，et al.，2003. A new proxy for bottom–water ventilation in the eastern Mediterranean based on diagenetically controlled magnetic properties of sapropel–bearing sediments [J]. Palaeogeography Palaeoclimatology Palaeoecology，（190）：221–242.

LAST W，SMOL J，BIRKS H，2001. Tracking Environmental Change Using Lake Sediments：Physical and Geochemical Methods [M]. Springer.

LEBREIRO S M, MORENO J C, MCCAVE I N, et al., 1996. Evidence for Heinrich layers off Portugal (Tore Seamount : 39°N, 12°W) [J]. Marine Geology, (131) : 47–56.

LISIECKI L E, RAYMO M E, 2005. A Pliocene–Pleistocene stack of 57 globally distribution benthic 18_O record [J]. Paleoceanography, 20 (1003) : 1–17.

LIU Q S, DENG C L, YU Y J, et al., 2005. Temperature dependence of magnetic susceptibility in an argon environment : implications for pedogenesis of Chinese Loess/ palaeosols [J]. Geophysical Journal International, (161) : 102–112.

LIU X M, HESSE P, ROLPH T, 1999. Origin of maghaemite in Chinese loess deposits : Aeolian or pedogenic? [J]. Physics of the Earth and Planetary Interiors, (112) : 191–201.

LOWE J J, WALKER M J C, 1997. Reconstructing Quaternary Environments (Second edition) [M]. Harlow : Addison Wesley Longman Press.

MAHER B A, TAYLOR R M, 1988. Formation of Ultrafine–Grained Magnetite in Soils [J]. Nature, (336) : 368–370.

MAHER B A, WATKINS S J, BRUNSKILL G, et al., 2009. Sediment provenance in a propicalfluvial and marine context by magnetic ‘fingerprinting’ of transportable sand fractions [J]. Sedimentology, (56) : 841–861.

MASLIN M A, DURHAM E, BURNS S J, et al., 2000. Palaeoreconstruction of the Amazon River freshwater and sediment discharge using sediments recovered at Site 942 on the Amazon Fan [J]. Journal of Quaternary Science, (15) : 419–434.

MAUZ B, HASSLER U, 2000. Luminescence chronology of Late Pleistocene raised beaches in southern Italy : new data of relative sea–level changes [J]. Marine Geology, 170 (1–2) : 187–203.

MAZAUD A, KISSEL C, LAJ C, et al., 2007. Variations of the ACC-CDW during MIS3 traced by magnetic grain deposition in midlatitude south Indian ocean cores : connections with the northern hemisphere and with central Antarcitica [J]. Geochemistry, Geophysics, Geosystems, (8) : Q05012.

MAZAUD A，MICHEL E，DEWILDE F，et al.，2010. Variations of the Antarctic Circumpolar Current intensity during the past 500ka [J]. Geochemistry，Geophysics，Geosystems，（11）：Q08007 .

MOTT N，GSCHNEIDNER K L，1996. Oxygen-isotope record of sea level and climate variations in the Sulu Sea over the past 150,000 years [J]. Nature，（380）：21.

NOWACZYK N R，HARWART S，MELLES M，2001. Impact of early diagenesis and bulk particle grain size distribution on estimates of relative geomagnetic palaeointensity variations in sediments from Lama Lake，northern Central Siberia [J]. Geophysical Journal International，（145）：300–306.

NOWACZYK N R，MINYUK P，MELLES M，et al.，2002. Magnetostratigraphic results from impact crater Lake El'gygytgyn，northeastern Siberia：a 300 kyr long highresolution terrestrial palaeoclimatic record from the Arctic [J]. Geophysical Journal International，（150）：109–126.

OLDFIELD F，RUMMERY A，THOMPSON R，et al.，1979. Identification of suspended sediment sources by means of magnetic measurements：Some preliminary results [J]. Water Resources Research，（15）：211–218.

OLDFIELD F，HAO Q Z，BLOEMENDAL J，et al.，2009. Links between bulk sediment article size and magnetic grain–size：general observations and implications for Chinese loess studies [J]. sedimentology，（56）：2091–2106.

OLDFIELD F，RUMMERY A，1985. Geomagnetism and paleoclimate，in The Climate Scene [M]// TOOLEY M，SHEIL G. Winchester：Mass.

OLDFIELD F，YU L Z，1994. The influence of particle size variations on the magnetic properties of sediments from the northeastern Irish Sea [J]. Sedimentology，（41）：1093–1108.

ORTEGA B，CABALLERO M，LOZANO S，et al.，2006. Rock magnetic and geochemical proxies for iron mineral diagenesis in a tropical lake：Lago Verde，Los Tuxtlas. East–Central

Mexico [J]. Earth and Planetary Science Letters,（250）: 444–458.

PARÉS J M, HASSOLD N J C, REA D K, et al., 2007. Paleocurrent directions from paleomagnetic reorientation of magnetic fabrics in deep-sea sediments at the Antarctic Peninsula Pacific margin（ODP Sites 1095, 1101）[J]. Marine Geology : 261–269.

PIRRUNG M, FÜTTER D, GROBE H, et al., 2002a. Magnetic susceptibility and ice–rafted debris in surface sediments of the Nordic Seas: implications for Isotope Stage 3 oscillations [J]. Geo–Marine Letters,（22）: 1–11.

PIRRUNG M, HILLENBRAND C D, DIEKMANN B, et al., 2002b. Magnetic susceptibility and ice–rafted debris in surface sediments of the Atlantic sector of the Southern Ocean [J]. Geo–Marine Letters,（22）: 170–180.

ROBERTS A P, REYNOLDS R L, VEROSUB K L, 1996. Environmental magnetic implications of Greigite（Fe_3S_4）Formation in a 3 m.y. lake sediment record from Butte Valley, northern California [J]. Geophysical Research Letters, 23（20）: 2859–2862.

ROBERTSON D, FRANCE D, 1994. Discrimination of remanence–carrying minerals in mixtures, using isothermal remanent magnetisation acquisition curves [J]. Physics of the Earth and Planetary Interiors, 82（3–4）: 223–234.

ROBINSON R G, 1986. The late Pleistocene palaeoclimatic record of North Atlantic deep–sea sediments revealed by mineral–magnetic measurements [J]. Physics of the Earth and Planetary Interiors,（42）: 22–47.

ROBINSON S, SAHOTA J, OLDFIELD F, 2000. Early diagenesis in North Atlantic abyssal plain sediments characterized by rock–magnetic and geochemical indices [J]. Marine Geology, 163（1–4）: 77–107.

ROBINSON S G, MASLIN M A, MCCAVE I N, 1995. Magnetic susceptibility variations in Upper Pleistocene deep-sea ediments of the NE Atlantic : Implications for ice rafting and paleocirculation at the last glacial maximum [J]. Paleocenography,（10）: 221–250.

ROBINSON, 1986. The late Pleistocene palaeoclimatic record of North Atlantic deep-sea sediments revealed by mineral-magnetic measurements [J]. Physics of the Earth and Planetary Interiors, (42): 22–47

RODRIGUEZ A B, ANDERSON J B, BANFIELD L A, et al., 2000. Identification of a–15m Wisconsin shoreline on the Texas inner continental shelf [J]. Palaeogeography, Palaeoclimatology, Palaeoecology, 158 (1): 25–43.

ROHLING E J, GRANT K, HEMLEBEN C H, et al., 2008. New constraints on the timing of sea level fluctuations during early to middle Marine Isotope Stage 3 [J]. Paleocenography, (23): 3219.

ROSENBAUM J G, REYNOLD R L, ADAM D P, et al., 1996. Record of middle Pleistocene climate change from Buck Lake, Cascade Range, southern Oregon-evidence from sediment magnetism, trace-element geochemistry, and pllen [J]. Geological Society of America Bulletin, (108): 1328–1341.

ROWAN C, ROBERTS A, BROADBENT T, 2009. Reductive diagenesis, magnetite dissolution, greigite growth and paleomagnetic smoothing inmarine sediments : A new view [J]. Earth and Planetary Science Letters, 277 (1–2): 223–235.

SAHU B K, 1964. Depositional mechanisms from the size analysis of clastic sediments [J]. Journal of Sedimentary Petrology, 34 (1): 73–83.

SCHROEER D, NININGER J R C, 1967. Morin Transition in α-Fe2O3 Microcyrstals [J]. Physical Review Letters, (19): 632–634.

SHI C D, ZHU R X, SUCHY V, et al., 2001. Identication and origins of iron suldes in Czech loess [J]. Geophysical Research Letters, 28 (20): 3903–3906.

SIDDALL M, ROHLING E J, ALMOGI-LABIN A, et al., 2003. Sea-level fluctuations during the last glacial cycle [J]. Nature, 423 (6942): 853–858.

SNOWBALL I, 1993. Mineral magnetic properties of Holocene lake and soils from the Karsa Valley, Lappland, Sweden, and their relevance to paleoenvironmental reconstruction [J]. Terra Nova, (5): 258–270.

SNOWBALL I, THOMPSON R, 1988. The occurrence of greigitein sediments from Loch Lomond [J]. Journal of Quaternary Science, 3（2）: 121–125.

SNOWBALL I F, 1993. Geochemical control of magnetite dissolution in subarctic lake sediments and implication for environment magnetism [J]. Journal of Quaternary Science,（8）: 339–346.

STEIN R, DITTMERS K, FAHL K, et al., 2004. Arctic（palaeo）river discharge and environmental change : evidence from the Holocene Kara Sea sedimentary record [J]. Quaternary Science Reviews,（23）: 1485–1511.

STIRLING C, ESAT T, LAMBECK K, et al., 1998. Timing and duration of the Last Interglacial : evidence for a restricted interval of widespread coral reef growth [J]. Earth and Planetary Science Letters, 160（3–4）: 745–762.

STOCKHAUSEN H, 1998. Some new aspects for the modelling of isothermal remanent magnetization acquisition curves by cumulative log Gaussian functions [J]. Geophysical Research Letters,（25）: 2217–2220.

STOCKHAUSEN H, 1998. Some new aspects for the modelling of isothermal remanent magnetization acquisition curves by cumulative log Gaussian functions [J]. Geophysical Research Letters,（25）: 2217–2220.

STONER J S, CHANNELL J E T, HILLAIRE M C, 1996. The magnetic signature of rapidly deposited detrital layers from the deep Labrador Sea : Relationship to North Atlantic Heinrich layers [J]. Paleoceanography,（11）: 309–325.

STONER J S, CHANNELL J E T, HILLAIRE M C, 1998. A 200ka geomagnetic chronostratigraphy for the Labrador Sea : ndirect correlation of the sediment record to SPECMAP [J]. Earth and Planetary Science Letters,（159）: 165–181.

STUIVER M, REIMER P J, 1993. Extended C-14 data base and revised XALIB 3.0 C-14 age calibration program [J]. Radiacarbon, 35（1）: 215–230.

SU Y L, GAO X, LIU Q S, et al., 2013. Mineral magnetic study of lacustrine sediments from

Lake Pumoyun Co, southern Tibet, over the last 19 ka and paleoenvironmental significance [J]. Tectonophysics，(588)：209–221.

SUN Z Y，LI G，YI Y，2015. The Yangtze River deposition in southern Yellow Sea during marine oxygen isotope stage 3 and its implications for sea–level changes [J]. Quaternary Research，(83)：204–215.

TAUXE L，1998. Paleomagnetic principle and Practise：Modern approaches in Geophysics [M]. Dordrecht：Kluwer Academic Publishers.

THOMPSON R，OLDFIELD F，1986. Environmental magnetism[M]. Allen & Unwin London.

TORII M，FUKUMA K，HORNG C S，et al.，1996. Magnetic discrimination of pyrrhotite- and greigite–bearing sediment samples [J]. Geophysical Research Letters，23 (14)：1813–1816.

TRAUTH M H，LARRASOAÑA J C，MUDELSEE M，2009. Trends，rhythms and events in Pilo–Pleistocene African climate [J]. Quaternary Science Reviews，(28)：399–411.

VALI H，FÖRSTER O，AMARANTIDIS G，et al.，1987. Magnetotactic bacteria and their magnetofossils in sediments [J]. Earth and Planetary Science Letters，86 (2–4)：389–400.

VEROSUB K L，ROBERTS A P，1995. Environmental magnetism：past，present，and future [J]. Journal of Geophysical Research，(100)：2175–2192.

VERWEY E J，1939. Electronic conduction of magnetite (Fe_3O_4) and its transition point at low temperature [J]. Nature，(144)：327–328.

VEZINA J，JONES D，1999. Sea-level high stands over the last 500,000 years：evidence from the Ironshore Formation on Grand Cayman，British West Indies. Journal of sedimentary research，69 (2)：317–327.

VLEESCHOUWER D D，DASILVA A C，BOULVAIN F，et al.，2011. Precesional and half-precessional climate forcing of Mid-Devonian monsoon–like dynamics [J]. Climate of the Past Discussion，(7)：1427–1455.

WALDEN J，2004. Environmental magnetism：principles and applications of enviromagnetics [J].

Quaternary Science Reviews，(23)：1867–1870.

WALDEN J，WADSWORTH E，AUSTIN W，et al.，2007. Compostional variability of ice-rafted debris in Heinrich layers 1 and 2 on the northwest European continental slope identified by environmental magnetic analyses [J]. Journal of Quaternary Science，(22)：163–172.

WANG L S，HU S Y，YU G，et al.，2015. Paleoenvironmental reconstruction of the radial sand ridge field in the South Yellow Sea (east China) since 45 ka using the sediment magnetic properties and granulometry [J]. Journal of Applied Geophysics，(122)：1–10.

WANG Y H，CHENG R L，EDWARDS，et al.，2008. Millennial and orbital scale changes in the East Asian monsoon over the past 224，000 years [J]. Nature，451 (7182)：1090–1093.

WEBER M E，WIEDICHE H M，KUDRASS H R，et al.，2003. Bengal Fan sediment transport activity and response to climate forcing inferred from sediment physical properties [J]. Sedimentary Geology，(155)：361–381.

WELDEAB S，LEA D W，SCHNEIDER R R，et al.，2007. 155,000 Years of West African Monsoon and Ocean Thermal Rvolution [J]. Science，316 (5829)：1303.

WILLIAMSON D，JELINOWSKA A，KISSEL C，et al.，1998.Mineral–magnetic proxies of erosion/oxidation cycles in tropical maar-lake sediments (Lake Tritrivakely，Madagascar)：paleoenvironmental implications [J]. Earth and Planetary Science Letters，(155)：208–219.

WINOGRAD I J，2001. The magnitude and proximate cause ice sheet growth since 35,000 yr BP [J]. Quaternary Research，56 (3)：299–307.

YAMAZAKI T，IOKA N，1997. Environmental rock–magnetism of pelagic clay：Implications for Asian eolian input to the North Pacific since the Pliocene [J]. Paleoceanography，(12)：111–124.

YI L，YU H J，JOSEPH D O，et al.，2012. Late Quaternary linkage of sedimentary records to three astronomical rhythms and the Asian monsoon，inferred from a coastal borehole in the south Bohai Sea，China [J]. Palaeogeography Palaeoclimatology Palaeoecology，(329–330)：101–117.

ZHANG W G，DONG C Y，YE L P，et al.，2012. Magnetic properties of coastal loess on the Midao islands，northern China：Implications for provenance and weathering intensity [J]. Palaeogeography Palaeoclimatology Palaeoecology，（333–334）：160–167.

ZHANG W G，MA H L，YE L P，et al.，2012. Magnetic and geochemical evidence of Yellow and Yangtze River influence on tidal deposits in northern Jiangsu Plain，China [J]. Marine Geology，（319）：47–56.

ZHANG Y G，JI J F，BALSAM W L，et al.，2007. High resolution hematite and goethite records from ODP 1143，South China Sea：Co-evolution of monsoonal precipitation and El Niño over the past 600000 years [J]. Earth and Planetary Science Letters，（264）：136–150

陈静生，李元惠，乐嘉祥，等，1984. 我国河流的物理与化学侵蚀作用 [J]. 科学通报，（15）：932–936.

丛友滋，李文勤，徐家声，等，1984. 南黄海滨岸一沉积岩芯磁性地层及气候地层的分析结果 [J]. 地理学报，（39）：105–114.

丛友滋，李素玲，程国良，等，1980. 黄海两钻孔岩芯的古地磁分析 [J]. 地震地质，（2）：65–69.

范德江，杨作升，毛登，等，2001. 长江与黄河沉积物中黏土矿物及地化成分的组成 [J]. 海洋地质与第四纪地质，21（4）：7–12.

方念乔，丁璇，胡超涌，等，2004. 氧同位素第 6 期北印度洋的一次重大古海洋学事件 [J]. 中国地质大学学报（地球科学），39（2）：127–134.

葛淑兰，石学法，吴永华，等，2008. 东海北部外陆架 EY02–1 孔磁性地层研究 [J]. 海洋学报，（30）：51–61.

葛淑兰，石学法，杨刚，等，2003. 西菲律宾海 780ka 以来气候变化的岩石磁学记录：基于地磁场相对强度指示的年龄框架 [J]. 第四纪研究，（27）：1040–1052.

葛宗诗，1996. 南黄海 QC2 孔磁化率研究 [J]. 海洋地质与第四纪地质，（16）：35–42.

侯红明，王保贵，汤贤赞，1996. 南海北部沉积物磁化率对古气候非线性变化的响应 [J]. 热带海洋，（15）：1–5.

侯红明，王保贵，汤贤赞，1996. 南极普里兹湾 NP93-2 柱样磁组构特征及其古气候意义 [J]. 地球物理学报，30（5）：625-630.

侯红明，王保贵，汤贤赞，1997. 南极 15ka 以来海洋沉积物的环境磁学研究 [J]. 极地研究，9（1）：35-43.

侯红明，1996. 环境磁学的进展与展望 [J]. 南海研究与开发，（4）：36-42.

胡忠行，张卫国，董辰寅，等，2012. 东海内陆架沉积物磁性特征对早期成岩作用的响应 [J]. 第四纪研究，32（4）：670-678.

李海燕，张世红，方念乔，2007. 东帝汶海 MD98-2172 岩芯磁记录与还原成岩作用过程 [J]. 第四纪研究，（27）：1023-1030.

李海燕，张世红，方念乔，等，2006. 孟加拉湾 MD77-181 岩芯磁学记录及其古环境意义 [J]. 科学通报，（51）：2166-2174.

李华梅，王俊达，1983. 渤海湾北岸平原钻孔岩心的古地磁研究 [J]. 地球化学，（2）：196-204.

李华梅，杨小强，1999. 南海南部海域 93-5 钻孔岩心古地磁结果和哥德堡短期漂移事件 [J]. 现代地质，（13）.

李萍，李培英，张晓龙，等，2005. 冲绳海槽沉积物不同粒级的磁性特征及其与环境的关系 [J]. 科学通报，（50）：262-268.

李清，殷勇，2013. 南黄海辐射沙脊群里磕脚 11DT02 孔沉积相分析及环境变化 [J]. 地理研究，32（10）：1843-1855.

刘东生，等，1985. 黄土与环境 [M]. 北京：科学出版社 .

刘健，李绍全，王圣洁，等，1997. 南黄海东北陆架 YSDP105 孔冰消期以来沉积层序的磁学特征研究 [J]. 海洋地质与第四纪地质，（17）：13-24.

刘健，秦华峰，孔祥淮，等，2007. 黄东海陆架及朝鲜海峡泥质沉积物的磁学特征比较研究 [J]. 第四纪研究，（27）：1031-1039.

刘健，朱日祥，李绍全，2002. 南黄海北部末次冰期棕黄色细粒沉积物的磁学特征及其地质意义 [J]. 海洋地质与第四纪地质，（22）：15-20.

刘健，朱日祥，李绍全，等，2003. 南黄海东南部冰后期泥质沉积物中磁性矿物的成岩变化及其对环境变化的影响 [J]. 中国科学 D 辑，（33）：583–592.

刘青松，邓成龙，2009. 磁化率及其环境意义 [J]. 地球物理学报，52（4）：1041–1048.

刘振夏，夏东兴，2004. 中国近海潮流沉积沙体 [M]. 北京：海洋出版社.

罗祎，苏新，陈芳，等，2010. 南海北部 DSH–1C 柱状样晚更新世以来沉积物磁性特征及其环境意义 [J]. 现代地质，（24）：521–527.

孟庆勇，李安春，靳宁，等，2006. 东菲律宾海柱样沉积物的磁性特征 [J]. 海洋地质与第四纪地质，（26）：57–63.

欧阳婷萍，田成静，朱照宇，等，2014. 南海南部 YSJD–86GC 孔沉积物磁性特征及其环境意义 [J]. 科学通报，59（19）：1881–1891.

屈翠辉，郑建勋，杨韶晋，等，1984. 黄河、长江、珠江下游控制站悬浮物的化学组成及其制约因素的研究 [J]. 科学通报，（17）：1063–1066.

任美锷，史运良，1986. 黄河输沙及其对渤海、黄海沉积作用的影响 [J]. 地理科学，6（1）：1–12.

施雅风，贾玉连，2002. 40–30ka B.P. 青藏高原及邻区高温大降水事件的特征、影响及原因探讨 [J]. 湖泊科学，14（1）：1–11.

施雅风，刘晓东，1999. 距今 40–30 ka 青藏高原特强夏季风时间及其与岁差周期关系 [J]. 科学通报，44（14）：1475–1480.

汤贤赞，陈木宏，刘建国，等，2009. 南海群岛海区 NS97–13 柱样沉积物磁化率各向异性研究 [J]. 海洋学报，（31）：69–76.

汪卫国，戴霜，陈莉莉，等，2014. 白令海和西北冰洋表层沉积物磁化率特征初步研究 [J]. 海洋学报，36（9）：121–131.

王腊春，陈晓玲，储同庆，1997. 黄河、长江泥沙特性对比分析 [J]. 地理研究，16（4）：71–79.

王世朋，李永祥，付少英，等，2014. 南部北部陆坡 GHE24L 柱样沉积物磁性特征及其环境意义 [J]. 第四纪研究，34（2）：516–527.

王喜生，李学军，2003. 等温剩磁获得曲线的累积对数高斯模型在泥河湾盆地磁组分识别

中的运用 [J]. 地学前缘，10（1）：163–169.

王颖，2014. 南黄海辐射沙脊群环境与资源 [M]. 北京：海洋出版社 .

吴中海，张永双，赵希涛，等，2008. 喜马拉雅山脉东段空布岗峰东麓的第四纪冰川作用序列及其初步的年代学约束 [J]. 冰川冻土，30（5）：807–813.

邢历生，徐树金，张景鑫，1986. 长江三角洲地区第四纪磁性地层划分 [J]. 中国地质科学院地质力学研究所所刊，（8）：89–95.

熊怡，张家桢，1995. 中国水温区划 [M]. 北京：科学出版社 .

徐方建，李安春，李铁刚，等，2011. 末次冰消期以来东海内陆架沉积物磁化率的环境意义 [J]. 海洋学报，（33）：91–97.

杨守业，李从先，1999. 长江与黄河沉积物元素组成及地质背景 [J]. 海洋地质与第四纪地质，19（2）：19–26.

杨涛，2008. 武汉市东湖地区城市化过程环境磁学响应研究 [D]. 武汉：中国地质大学 .

杨小强，张贻男，高芳蕾，等，2006. 近 130ka 以来地球磁场相对强度变化：南海南部 NS93–5 钻孔记录 . 热带地理，（26）：1–17.

杨作升，1988. 黄河、长江、珠江沉积物中黏土矿物组合、化学特征及其物源区气候环境的关系 [J]. 海洋与湖沼，19（4）：336–346.

姚政权，郭正堂，陈宇坤，等，2006. 渤海湾海陆交互相沉积的磁性地层学 [J]. 海洋地质与第四纪地质，（26）：9–15.

叶和松，王文清，房宪英，1986. 江苏省海岸带东沙滩海域水动力、泥沙状况 . 江苏省海岸带东沙滩综合调查 [M]. 北京：海洋出版社 .

叶青超，1994. 黄河流域环境演变及水沙运行规律研究 [M]. 济南：山东科学技术出版社 .

张春霞，2007. 植物对环境污染的磁学响应机理研究 [D]. 北京：中国科学院 .

张江勇，高红芳，彭学超，等，2010. 南海陆坡晚第四纪沉积物磁化率的对比及其古海洋学意义 [J]. 海洋地质与第四纪地质，（30）：151–164.

张经，1996. 盆地的风华作用对河流化学组分的控制 [M]// 中国主要河口的生物地球化学研究 . 北京：海洋出版社 .

张卫国，俞立中，许羽，1995. 环境磁学研究的简介 [J]. 地球物理学进展，10（3）：95–105.

张响，葛晨东，殷勇，等，2014. 南黄海辐射沙脊群大北槽东沙沉积物地球化学特征及沉积模式研究 [J]. 南京大学学报（自然科学），50（5）：538–552.

郑妍，郑洪波，邓成龙，等，2012. 还原成岩作用对磁性矿物的影响及古气候意义：以长江口水下三角洲岩芯 YD0901 沉积物为例 [J]. 第四纪研究，32（4）：655–662.

周墨清，葛宗诗，1990. 南黄海及相邻陆区松散沉积层磁性地层的研究 [J]. 海洋地质与第四纪地质，（10）：21–33.

周墨清，李旭，1989. 黄海全新世地磁极漂移及地质意义 [J]. 海洋地质与第四纪地质，（9）：35–40.